U0162709

微服务
质量保障
测试策略与质量体系

嘉木◎著

MICROSERVICE
QUALITY
ASSURANCE

Testing Strategies and
Quality Systems

机械工业出版社
China Machine Press

图书在版编目（CIP）数据

微服务质量保障：测试策略与质量体系 / 嘉木著. -- 北京：机械工业出版社，2022.6
ISBN 978-7-111-70850-6

I. ① 微… II. ① 嘉… III. ① 互联网络 - 网络服务器 - 保障体系 - 研究 IV. ① TP368.5

中国版本图书馆 CIP 数据核字（2022）第 092411 号

微服务质量保障：测试策略与质量体系

出版发行：机械工业出版社（北京市西城区百万庄大街 22 号 邮政编码：100037）
责任编辑：董惠芝
责任校对：殷 虹
印　　刷：涿州市京南印刷厂
版　　次：2022 年 7 月第 1 版第 1 次印刷
开　　本：147mm×210mm 1/32
印　　张：5.75
书　　号：ISBN 978-7-111-70850-6
定　　价：79.00 元

客服电话：（010）88361066 88379833 68326294　　投稿热线：（010）88379604
华章网站：www.hzbook.com　　　　　　　　　　　　读者信箱：hzjsj@hzbook.com

笔者进入测试行业已有十余年，曾在西山居、奇虎 360 等多家知名公司任职。在西山居工作期间，笔者曾负责大型网游项目的功能测试和服务端维护工作，经历了整个项目和团队的搭建，并参与了质量保障体系的搭建。因为拥有完整的大型项目经验和质量保障经历，笔者顺利拿到了大厂 Offer 并转入互联网行业。再之后，笔者开始负责 20 多人的测试团队管理工作，并从 0 到 1 建立了千万级用户量的即时通信软件的服务端质量保障体系。目前，该体系仍在项目中发挥着重要作用。

可以说，这十多年间笔者见证了国内从 PC 互联网到移动互联网的转型，自身更是经历了从功能测试工程师到服务端测试开发工程师再到测试专家的成长蜕变。

为何写作本书

随着各行业应用日益复杂化，产品需要快速迭代以适应不断变化的市场环境。为了适应这种快速迭代的开发节奏，主流的开发框架便由传统的单体应用架构转向微服务架构。测试从业者同样需要跟上时代的步伐，否则很容易掉队，甚至被淘汰。

比如，现阶段很多测试从业者还在项目中进行着简单的测试工作，其实这样不但工作效率极低，而且难以积累实战经验，久而久之形成恶性循环。再比如，很多测试从业者积累的知识、经验和技能，往往只适用于自己当下的工作场景，不能轻易更换测试对象、业务模块或者公司，因为更换不仅要重新学习新业务和适应新的协作方，还要变换测试方法和技术栈等。

很多测试从业者认识到了互联网的核心是各种类型的微服务，而且服务端承载了业务的核心逻辑和用户价值，所以他们选择了服务端测试工程师作为职业方向。思路和切入点很好，但是对于微服务架构下的服务端应该如何测试，他们很难建立一个整体的认知，另外由于网络上大多是关于接口测试自动化及框架之类的资料，他们很容易误以为服务端测试就是接口测试。

其实，服务端测试是一套全方位的测试保障体系，除了保证对外提供的接口符合要求，在业务广度和技术深度方面都需要有良好的覆盖率，并且要求有一系列的流程规范、方法、工具、组织等做支撑。软件测试人员需要根据技术架构和测试对象的特点，相应地调整自己的测试策略和思路，积累和总结测试方法和技能，进而沉淀出质量保障体系。

从招聘需求中可以看到，尽管很多测试从业者对服务端测试的认知和技能还停留在传统的服务端测试阶段，有的大厂已经明确要求服务端测试工程师要参与服务端质量保障体系的建设。而即使熟悉服务端质量保障体系的测试人才，也因为微服务的发展而面临新的挑战。他们需要针对微服务的特点、所在项目的环境情况做进一步的分析，对质量保障体系做合理裁剪，才能真正落地应用。

本书内容特色

市面上现有的课程和书籍多偏向"局部的术"，少有"全局的道"，很少有从服务端测试角度出发的体系化思维和方法论方面的讲解。本书的优势如下。

- ❏ 系统化：包含微服务架构下的测试策略及其主要测试方法详解；
- ❏ 体系化：包含微服务架构下的质量保障体系的主要方面；
- ❏ 前瞻性：针对质量保障趋势和新技术进行了探讨。

读者对象

本书主要的读者对象是软件测试从业者，其次是软件工程圈内人士。

- ❏ 经历单体应用时代的测试从业者。他们在微服务时代，因一些知识、技能和经验不能复用，需要熟悉微服务架构下质量保障相关的知识和技能。本书可以帮助读者掌握微服务架构下质量保障的知识和技能，解决转型时一些知识、技能和经验不能复用的问题。

❑ 入行时便接触到微服务测试的从业者。他们的工作是从一线的测试执行开始的，但并不清楚如何进行测试设计、测试挑战的分析和测试技术的落地，也不清楚如何构建自己的知识体系。本书讲述了相关的分析以及微服务质量保障相关体系，对掌握测试设计、测试挑战的分析和测试技术的落地大有裨益。

❑ 刚刚或即将进入测试行业的人（计算机相关专业的应届生、零基础入门者）。他们对测试行业和职业角色没有概念，想进入这个行业但又不知道如何入手，找不到切入点。本书讲述了现今微服务架构下服务端测试的方方面面，能够为新手勾勒一个框架，使其能快速入门，可以帮助构建知识和思维地图，为他们以后在测试行业的稳步发展开启一盏明灯。

❑ 软件工程圈内人（微服务开发工程师、产品经理等）。无论开发工程师还是产品经理等软件项目相关角色，都应该了解质量保障体系和测试相关知识（类似产品运营也要懂数据分析），只有充分理解了质量保障工作作为最后一个环节存在的痛点、难点和挑战，才能有意识地在工作中设计出高质量的代码、架构或需求。本书大量内容偏思维和体系化认知，适合这部分人阅读。

如何阅读本书

本书分为 6 章。

第 1 章梳理微服务架构下服务端质量面临的各种挑战，以及应该通过什么样的测试策略和质量保障体系来应对这些挑战。学完本章，你可以对微服务有一个基本的了解，能够从正反两面来看微服务的特点，为做好微服务测试打下基础。

第 2 章介绍微服务测试策略，主要包括单元测试、集成测试、组件测试、契约测试、端到端测试等。学完本章，你会具备对微服务进行深度测试的能力。

第 3 章详细讲解微服务的质量保障体系，以及相对应的流程规范。

第 4 章深入讲解微服务的测试技术，包括技术选型分析、常见的提效技术和专项测试技术。

第 5 章讲解如何从质量、效率、价值 3 个维度做好微服务度量与运营，以及相应的组织保障。

第 6 章通过软件测试新趋势和 QA 核心竞争力这两个话题，带领读者了解技术发展趋势以及 QA 职业规划。

勘误和支持

由于作者水平有限，编写时间仓促，书中难免存在一些错误或者不准确的地方，恳请读者批评指正。读者对本书有任何建议或意见，都可发送邮件至 yfc@hzbook.com。

致谢

感谢机械工业出版社华章分社的编辑杨福川，在这一年多的时间里始终支持、鼓励、帮助并引导我顺利完成了全部书稿。

谨以此书献给我最亲爱的家人，以及众多热爱测试行业的朋友们！

Contents 目 录

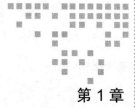

第 1 章　*Chapter 1*

微服务测试概况

本章主要讲解微服务测试的概况，其中包括微服务架构简介、微服务架构下的质量挑战和微服务架构下的测试策略。

1.1　微服务架构简介

作为软件测试从业者，想要做好微服务的质量保障工作，就需要对微服务架构的由来和特点有一个充分的认识，带着问题去理解它的特性，这样学习思路就会清晰很多。

1.1.1　微服务架构演化史

本节通过笔者自身工作经历介绍什么是单体应用架构和微

服务架构，以及它们的优缺点。这样有利于你理解后面的内容，同时更加有代入感，为保障微服务质量打下一定的理论基础。

1. 单体应用架构

2008 年，笔者刚参加工作，负责一个 MMORPG 类游戏（以后简称 SD 项目）的测试保障工作，在功能测试之外做了很多服务端相关的工作，如服务端应用程序编译后分发、配置、部署、发布等。

最开始的服务端应用程序是一个独立的几百兆字节的文件。这个文件是一个可执行文件（包含该游戏系统的所有功能），几乎没有外部依赖，可以独立部署在装有 Linux 系统的服务器上。这种应用程序通常被称为单体应用。单体应用的架构方法论，就是单体应用架构（Monolithic Architecture）。在单体应用架构下，一个服务中包含与用户交互的部分、业务逻辑处理层和数据访问层。如果存在数据库交互，服务将与数据库直连，如图 1-1 所示。

在单体应用架构下，一个服务中的两个业务模块作为该服务的一部分存在于同一进程中，它们通过方法调用的方式进行通信，如图 1-2 所示。

要知道，一款 MMORPG 类游戏的功能是极其复杂和丰富的，包括但不限于选择大区、选择服务器、登录、创建角色、场景切换、各种关系的维护（帮派、师徒、婚姻、友谊、门派）、技能、战斗、副本等。随着团队规模壮大，后台服务的可执行文件拆分成几个独立的几十兆字节、上百兆字节的文件。随着时间的推移，开发、测试、部署、维护、扩展等都开始变得困难起来。

图 1-1　单体应用架构的服务组成和交互

图 1-2　单体应用架构的进程间调用

注解：MMORPG（Massive Multiplayer Online Role-Playing Game，大型多人在线角色扮演游戏）是网络游戏的一种。在所有角色扮演类游戏中，玩家都要扮演一个虚构角色，并控制该角色的许多活动。

2. 微服务架构

后来，笔者转到了互联网公司工作，所在项目的服务架构与过去的单体应用架构差异巨大。同等规模的研发团队，服务

的个数竟然有近百个。虽然数量众多，但每个服务只负责一小
块具体的业务功能，能独立地部署到环境中，服务间边界相对
清晰，相互间通过轻量级的接口调用或消息队列进行通信，为
用户提供最终价值。这样的服务称为微服务（Microservice）。
从本质上来说，微服务是一种架构模式，是面向服务型架构
（SOA）的一种变体，如图 1-3 所示。

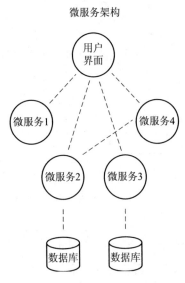

图 1-3　微服务架构下服务间的交互

如图 1-3 所示，在微服务架构下，业务逻辑层被分拆成
不同的微服务，其中不需要与数据库交互的微服务将不再与
数据库连接，需要与数据库交互的微服务则直接与数据库
连接。

在微服务架构下，因为两个微服务分别在自己的进程中，

所以它们不能通过方法调用进行通信，而是通过远程调用的方式进行通信，如图 1-4 所示。

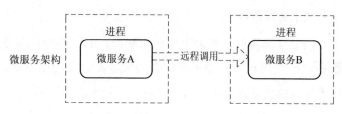

图 1-4 微服务架构下的跨进程调用

1.1.2 微服务架构的特点和缺点

在微服务架构下，我们通过不同阶段的服务端相关工作了解微服务架构的特点。

1. 日常研发和测试阶段

因为微服务数量众多，研发和测试团队都有构建一个良好的基础建设的诉求，如搭建持续交付工具。通过持续交付工具拉取某微服务代码，再进行编译、分发，之后部署到测试环境的机器上。由于微服务应用程序本身并不大，部署耗时短、影响范围小、风险低，整个编译、分发、部署过程在几分钟内就可以完成，且几乎是自动完成的，因此部署频率可以做到很高。

2. 对外发布阶段

在接口不变的情况下，每次功能的变更或缺陷的修复不会影响整个应用的使用。在事先做好熔断机制的情况下，即使某个微服务应用出现问题，也不会导致整个应用崩溃，这无疑提高了应用的可靠性。再加上部署效率高的特点，一个微服务每天可以发布数次，使得用户能快速感受到新特性和产品价值。

3. 线上运维阶段

在线上运维阶段，如果出现性能瓶颈，工作人员只需对热点服务进行线性扩容。如果某服务的服务器资源利用率不高，工作人员可以对其进行线性缩容，从而提升资源利用率。

4. 其他阶段

在架构设计方面，微服务可以基于不同的语言、不同的架构，部署到不同的环境。同时，工作人员可以采用适合微服务业务场景的技术，来构建合理的微服务模块。

由此可见，微服务的确解决了单体应用架构下服务的诸多短板。单体应用架构与微服务架构在不同阶段的特点如表 1-1 所示。

表 1-1　单体应用架构与微服务架构在不同阶段的特点

	单体应用架构	微服务架构
日常研发和测试阶段	单服务文件大，编译慢，部署耗时长	单服务文件小，编译快，部署耗时短
对外发布阶段	发布影响大，频率低	发布影响小，频率高
线上运维阶段	难以针对热点服务进行线性扩容，资源利用率低	可针对热点服务进行线性扩容，资源利用率高
其他阶段	技术栈单一，难以进行技术创新	语言和框架不受限，支持技术创新

当然，任何事情都有两面性，任何一项技术都不可能十全

十美，在解决特定问题的同时，也会引入新的问题。那么，微服务架构下的服务有哪些缺点呢？

从微服务架构设计的角度来看，微服务在以下几方面存在缺点。

❑ 分布式特性：微服务系统通常是分布式系统，在系统容错、网络延时、分布式事务等方面存在各类问题，这需要投入较多的人力、物力去应对。

❑ 技术栈多样性：不同的组件选择不同的技术栈会导致应用程序设计和体系结构不一致的问题，这在一定程度上也会产生额外的维护成本。

❑ DevOps：微服务架构下需要有一个成熟的 DevOps 团队来维护基于微服务的复杂应用程序，同时还需要配备相应的工具。

❑ 网络的可靠性：独立运行的微服务通过网络进行交互，这需要可靠且快速的网络连接，同时还需要消除服务间网络通信存在的安全漏洞。

从微服务数量规模角度来看，微服务在以下几方面存在缺点。

❑ 线上运维成本：更多的服务意味着要投入更多的运维人力和物力，如服务器硬件资源、运行时容器、数据存储和带宽成本、人力维护成本、线上监控成本等。

❑ 团队协作成本：微服务之间主要通过接口进行通信，当修改某一个微服务的接口时，所有用到这个接口的微服务都需要进行调整；当调整核心接口时，工作量更为显著。

❑ 团队沟通成本：为了确保一个团队更新服务时不影响另一个团队的工作，相关团队就需要进行大量的沟通、确认工作。

笔者想使用两个类比，帮助你简单理解微服务架构和单体应用架构的差异：微服务架构更像是活字印刷，每个字是相对独立的个体，更灵活；单体应用架构更像是雕版印刷，整个架构是一个不可拆分的整体。

本节通过笔者的实际项目情况，带你领略了单体应用项目和微服务项目的工作日常，以及微服务架构下服务的优缺点。微服务的诸多特点会给软件质量保障工作带来怎样的挑战，笔者将在下一节详细介绍。

1.2 微服务架构下的质量挑战

相比传统的单体应用架构，微服务架构具有更多优势，但也有明显的缺点，比如单个微服务虽然编译得更快了，但微服务数量翻了数倍；再比如单个微服务可以针对热点服务进行单独扩容或缩容，但需要投入更多的运维成本，等等。这使得微服务在架构设计、团队协作、测试等层面面临一系列挑战。

我们知道，越晚发现的问题，需要的修复成本也越高，如果在项目开始对这些挑战处理不当，在项目后期将很难弥补，而且因为弥补成本比较高，即使弥补了一般采取的也是临时方案，而这些最终都会引发软件产品或服务的质量问题。

我们将微服务架构所带来的挑战总结为以下 3 个方面。

❑ 架构设计复杂度高；

❑ 团队协作难度大；

❑ 测试成本高。

1.2.1　架构设计复杂度高

微服务的重点是将架构分解为粒度更细、更易管理的服务，但这意味着要引入更多的服务间依赖关系，如图 1-5 所示。微服务实践中最常见的错误之一是把微服务设计得过小，以至于微服务数量泛滥，而这通常会导致任何服务都可以随意调用其他服务。系统的复杂度与微服务的数量成正比（极限情况下，N 个服务会存在 $N(N-1)/2$ 个调用关系）。

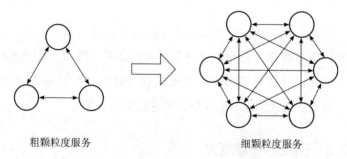

粗颗粒度服务　　　　　　　　细颗粒度服务

图 1-5　系统复杂度随服务数量增多而增加

服务之间的网络通信是微服务架构的一大痛点。当微服务越来越多时，整体的调用链路就呈现一个复杂的图状。图 1-6 为著名的微服务"死亡之星"。

微服务架构的关键不仅在于具体的实现，还在于合理划分的服务边界、与组织架构是否相匹配以及相应配套的技术设施，如持续交付、DevOps、去中心化实践等。

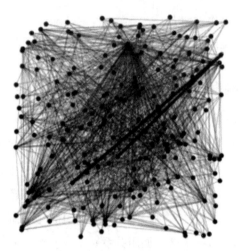

图 1-6 微服务"死亡之星"

因此,只有通过谨慎的服务架构设计,才可以降低系统复杂度。你不能像以前做单体应用服务测试时那样只关注系统整体实现了什么,还需要关注系统架构设计、模块及服务划分、每个服务实现的功能、上下游调用关系和调用方式等。

1.2.2 团队协作难度大

系统依赖性的增加会给团队协作带来更大的挑战。这里所说的协作工作包括但不限于开发、联调、测试、发布、运维等。

1. 复杂的团队沟通

在传统的单体应用开发项目中,一个团队(即使规模很大)协作开发应用程序的不同部分,有一个共同的项目管理计划,包含范围、时间、人力和物力资源分配、风险预估等。当出现技术冲突时,架构师会来定位和解决。

在微服务架构中，不同微服务由不同团队开发和维护，而每个微服务可能会有不同的客户要求、开发周期、开发进度和交付期限，并且没有或只有较弱的总体项目管理。当频繁进行服务改动或版本升级时，跨微服务功能不可用、版本不兼容或延时实现等问题很容易出现，协调项目的整体开发会变得异常困难，测试人员也很难找出一个空闲时间窗口来对整个软件进行全面的测试。

因此，产品及研发人员需要进行各种沟通，以此来了解不同团队中微服务项目的开发进度。这使得沟通成本变得非常高，而且容易有错漏。因为测试人员是产品交付的最后一道关，任何在前期遗留下来的争议或错误都会在测试环节被放大，进而间接影响项目研发效率和质量。比如到了测试环节才发现依赖的服务不能按时提测，你只好模拟该服务。这种方式会导致测试效率降低，且可能发现不了真正的问题。

在这里，建议基于微服务的特点建立相应的流程规范，比如把可能产生的风险前置并做提前应对、重视多方评审环节、根据问题驱动流程规范不断优化，等等。

2. 验证成本高

在单体应用架构下，我们通常使用集成测试来验证模块间的依赖是否正常，而且服务数量并不多，搭建一套测试环境的成本不高。但在微服务架构下，无论是服务、模块还是层次之间都存在复杂的依赖关系，想要单独测试某一服务，需要其他服务的依赖关系。你要验证的不是某个服务本身，而是某个业务场景所涉及的服务链路。归根结底，你需要验证的是整条业务链路上的相关服务。

在同等规模的团队中,由于微服务架构的服务数量可能是单体应用服务数量的几倍甚至数十倍,为微服务搭建基础环境(运行环境、数据库、缓存等)并进行部署、配置的成本也相应增加。这就造成团队需要相互协调,以便完成相关微服务的并行开发。也就是说,团队需要等到测试环境被完整搭建和配置后,方可实现整体联调、测试和验收。

3. 反馈周期长

在微服务架构下,集成测试的反馈依赖较多的服务,这将导致问题定位的时间变长。同时,由于微服务由各团队独立部署,测试环境的不稳定也容易导致测试执行失败。为了编写出有效的集成测试用例,质量保障工程师应该对软件所提供的各种服务有全面的了解。

在微服务架构中,每个服务独立配置、部署、监控、收集日志。对于调用链路较长的场景,排查问题时工程师需要进行链路调用分析,逐步排查,因此成本呈指数级增长。

1.2.3 测试成本高

除了上述挑战外,微服务架构的复杂性使测试工作本身变得更加困难,在测试环境、测试技术与工具、测试策略以及测试结果等方面存在各种挑战。

1. 测试环境

通常来说,一个业务线包含至少数十个微服务,每个测试工程师仅对其负责的微服务进行测试,没有统一的角色来管理整体的测试环境。

这种情况下，一个微服务不可用时，依赖它的服务均无法正常提供功能，进而导致其他测试人员的测试任务阻塞。常见的解决办法是分时段使用测试环境或者维护多套测试环境。但是，如果所有测试团队对测试环境分时段使用（相当于轮流进行测试），整体的测试效率会低很多。如果各自维护一套完整的测试环境，那么诸如谁来修复、谁来协调和谁来维护等问题可能无法得到解决，且会带来较高的服务器成本和沟通成本。

2. 测试技术与工具

微服务架构允许每种服务使用不同的技术，这需要使用不同工具来实现相同的功能，如使用不同的编程语言、数据存储与同步技术、部署环境等。对应地，所使用的测试技术和工具也将随之改变。因此，无论开发技术和工具的多样性还是测试技术和工具的多样性，都会导致测试人力资源或人力成本增加，同时很难构建和维护一个涵盖所有内容的良好测试环境。

3. 测试策略

按照测试金字塔的思想，在单体应用架构下，测试策略主要有 3 个层次，从下到上依次是单元测试、服务测试、界面测试，如图 1-7 所示。在微服务架构下，分层测试思想依然成立，但直接用单体应用架构下的测试策略来测试微服务并不可行，因为微服务中最大的复杂性不在于微服务本身的功能庞大，而在于微服务数量多且微服务之间交互频繁，因此需要对测试对象进行重新分析，这需要改变整体的测试策略，迭代相应的测试方法。

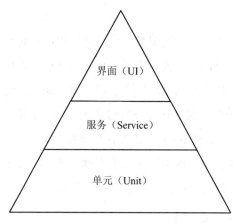

图 1-7　经典的测试金字塔

4. 测试结果

微服务通常是分布式系统，这意味着服务之间通过网络调用进行通信，那么数据在网络上传输时可能因网络延时、带宽不足等问题，而出现测试结果不稳定的情况，主要表现在如下方面。

❑ 可靠性差：为了尽可能降低微服务间通信对网络情况的高度依赖，降低因网络不稳定引起的故障率，设计微服务架构时会设置隔离机制，这虽然可以缩小故障点的影响范围，但因为做了架构层面的设计，需要对其进行测试，无疑增加了测试难度。

❑ 数据不一致：分布式系统中的数据需要具备一致性，但做到这一点需要付出的成本是非常高的，特别是涉及数据存储和外部通信的部分，测试过程中常常会因为数据不一致而出现缺陷误报、无效 Bug 等情况。

❑ 关联性低：通常情况下，某个微服务会与多个微服务进行交互。某个微服务发生变化会直接影响依赖的其他微服务，进而影响用户体验、非功能性要求，如性能、可访问性、可靠性等。

任何新技术的引入和架构的演变在解决当前痛点问题的同时都会引发新的问题，这些新的问题也将不断变成痛点问题被逐个解决，这是技术演化的必然，也是互联网革命的核心。（唯一不变的是变化本身。）

挑战和机遇是并存的。我们通过掌握恰当的测试策略和质量保障体系来应对这些挑战，就可比同行（横向比较）或过去的自己（纵向比较）具有更多的优势和更强的竞争力，自然也会有更多的机遇。

与单体应用架构相比，微服务架构的诸多好处使得它必然成为主流。与此同时，我们应该思考和分析如何找到恰当的测试策略，构建全面的质量保障体系。

1.3　微服务架构下的测试策略

上一节中，笔者重点分析了微服务架构下的各种质量挑战。基于这些挑战，我们该如何有效且高效地保障微服务的质量呢？

1.3.1　常见测试策略

针对微服务架构，常见的测试策略模型有如下几种。

1. 金字塔策略模型

基于微服务架构的特点和测试金字塔的原理，Toby Clemson 发表了一篇关于微服务架构下的测试策略的文章，阐述了微服务架构下的通用测试策略。

如图 1-8 所示，该策略模型依然是金字塔形状，从下到上依次为单元测试、集成测试、组件测试、端到端测试、探索式测试。我们可以针对不同类型和颗粒度的测试投入不同的精力，达到最佳平衡。

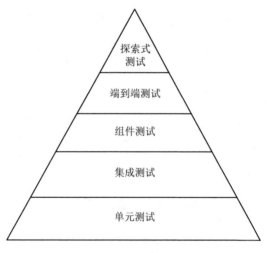

图 1-8　金字塔策略模型

2. 蜂巢策略模型

单元测试用例一般由研发人员编写。国内很多研发团队的业务开发压力较大，因此单元测试占比比较低。平台型系统（如开发平台、SaaS 系统等）对外提供了统一的 API 和较为简洁的

GUI，因此端到端测试占比较低，侧重服务间的集成测试。因此，这种策略模型更像蜂巢形状，如图 1-9 所示。

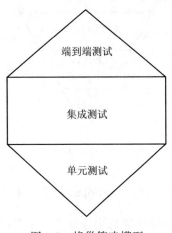

图 1-9　蜂巢策略模型

3.钻石策略模型

To B 业务的企业级服务，如银行系统、企业安全防火墙等，以第三方服务的形式对外提供功能，因此组件测试和契约测试的占比较高。这类系统往往没有对外的 GUI，因此无法进行独立的端到端测试。端到端测试往往从调用方服务发起。另外，这类系统对安全和性能要求比较高，需要进行比较全面的专项测试。因此，这种策略模型更像是钻石形状，如图 1-10 所示。

笔者认为，有多少个基于微服务架构的测试团队，大概就有多少种测试策略模型。当技术架构、系统特点、质量痛点、团队所处阶段不同时，每种测试的比例也不尽相同。

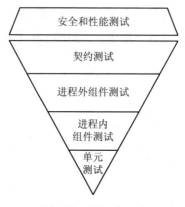

图 1-10 钻石策略模型

1.3.2 如何保障测试活动的全面性和有效性

理解了测试策略模型的构建思路，我们看一下如何保障测试活动的全面性和有效性。

1. 全面性保障方法

在微服务架构下，我们既需要保障各服务内部每个模块的完整性，又需要关注模块间、服务间的交互。只有这样，才能提高测试覆盖率。我们可以通过分层测试来保证微服务测试的全面性，如图 1-11 所示。

❏ 单元测试（Unit Test）：从服务中最小可测试单元视角验证代码行为是否符合预期，以便测试出方法、类级别的缺陷。

❏ 集成测试（Integration Test）：验证当前服务与外部模块之间的通信方式或者交互是否符合预期，以便测试出接口缺陷。

❑ 组件测试（Component Test）：将测试范围限制在被测系统的一部分（一般是单个服务），使用测试替身将其与其他组件隔离，以便测试出被测代码的缺陷。

❑ 契约测试（Contract Test）：验证当前服务与外部服务之间的交互，以表明它符合消费者服务所期望的契约。

❑ 端到端测试（End-to-end Test）：从用户视角验证整个系统的功能是否符合用户的预期。

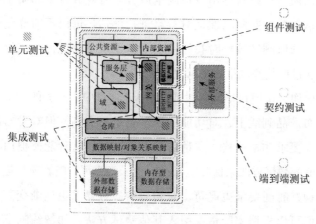

图 1-11　分层测试策略

可见，上述测试策略模型中的测试方法是自下而上逐层扩大测试范围和边界的，力保微服务架构的模块内和模块间交互、服务内和服务间交互、系统范围等维度的功能符合预期。

2. 有效性保障方法

确定了分层测试策略，我们应该如何选取每种测试方法的占比，来确保该测试策略的有效性呢？

我们必须要明确的是，不存在普适性的测试组合比例。我们都知道，测试的目的是解决企业的质量痛点问题，交付高质量的软件，因此不能为了测试而测试，更不能为了质量不惜一切代价，需要考虑资源的投入产出比。

测试策略并不是一成不变的，会随着业务或项目所处的阶段以及其他影响因素的变化而不断变化。但归根结底，我们还是要从质量保障目标出发，制定适合当时业务背景和质量痛点的测试策略，并阶段性地对策略进行评估，进而不断优化测试策略。选取测试策略时我们一定要基于现实情况，以结果为导向，通过调整测试策略来解决痛点。

比如，在项目早期阶段或某 MVP 项目中，业务的诉求是尽快发布产品到线上，对功能的质量要求不太高，但对发布的时间节点要求非常严格。这种情况下用端到端这种能模拟用户真实价值的测试方法来保障项目进度也未尝不可；随着项目逐渐趋于平稳，时间要求更严苛，对功能的质量要求也逐渐变高，这时我们可以根据实际情况引入其他测试方法，如契约测试或组件测试等。

记住，适合自身项目阶段和团队的测试策略才是有效的策略。

1.4 本章小结

本章先简单介绍了微服务架构和单体应用架构的差异，通过笔者的实际项目情况，带你领略了单体应用架构和微服务架构下的工作日常，以及它们的优缺点，然后结合微服务的诸多特点提出了软件质量保障工作的 3 大挑战：架构设计复杂度高、团队协作难度大、测试成本高。通过对测试金字塔原理和微服务的特点分析，本章引入单元测试、集成测试、组件测试、契约测试和端到端测试等分层测试类型来确保测试活动的全面性，强调通过自身项目阶段和团队情况来选取合适的测试策略模型，以保障测试活动的有效性。

下一章将对微服务测试策略中各层次的测试策略进行详细讲解。

微服务测试策略详解

上一章讲到了微服务架构简介、微服务架构下的质量挑战，并概述了微服务架构下的测试策略，本章具体讲解微服务测试策略，包括单元测试、集成测试、组件测试、契约测试、端到端测试的概念、价值、实战等。

2.1 单元测试

单元测试是更细颗粒度的测试方法，因此其在微服务架构下依然适用。与单体应用架构不同的是，微服务架构对服务进行了拆分，每名研发人员通常负责一到多个微服务，因此单元测试的边界更加清晰，也更容易识别出不同研发人员的测试覆盖度。

2.1.1　单元测试的价值

单元测试是一种白盒测试技术，通常由开发人员在编码阶段完成，目的是验证软件代码中的每个单元（方法或类等）是否符合预期，以便尽早在尽量小的范围内发现问题。

我们都知道，问题发现越早，修复的代价越小。毫无疑问，在开发阶段进行正确的单元测试可以极大地节省时间和资源。跳过单元测试会导致在后续测试阶段产生更高的缺陷修复成本。

如图 2-1 所示，假如有一个只包含单元 A 和单元 B 的程序，且只执行端到端测试，如果在测试过程中发现了缺陷，则可能有如下原因：

- ❑ 该缺陷由单元 A 中的缺陷引起；
- ❑ 该缺陷由单元 B 中的缺陷引起；
- ❑ 该缺陷由单元 A 和单元 B 中的缺陷共同引起；
- ❑ 该缺陷由单元 A 和单元 B 之间接口的缺陷引起；
- ❑ 该缺陷是测试方法或测试用例错误导致的。

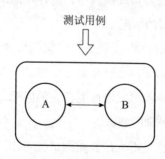

图 2-1　单元测试用例

单元测试除了能够在较早阶段识别软件中的错误，还有如下价值。

❑ 反馈速度快：单元测试通常以自动化形式运行，执行速度非常快，可以快速反馈结果，与持续集成结合起来形成有效的反馈环。

❑ 重构的有力保障：当系统需要大规模重构时，单元测试可以确保对已有逻辑的兼容。如果单元测试都通过，我们基本上可以保证重构没有破坏原有代码的逻辑。

❑ 发现代码中的错误：写单元测试程序本身就是一个审视代码的过程，可以发现一些设计方面的问题（比如设计的代码不易于测试）、代码编写方面的问题（比如一些边界条件的处理不当）等。

既然单元测试由开发人员来设计和执行，作为测试人员是不是就不需要学习这门技术了？笔者的观点如下。

❑ 单元测试只是一般情况下由开发人员完成，并不是绝对的。在一些公司或项目里，也存在测试人员完成单元测试用例编写的情况。

❑ 在你负责的模块或服务里，第一级别的测试不是你来完成的，那么你更有必要去了解它的设计思路和执行情况，这能帮助你发现可能存在的问题点，也有利于你执行后续高级别的测试。

❑ 开发人员总是不太擅长做测试类工作。当你掌握了单元测试的技能，你便有机会去帮助和影响开发人员，赢得他们的尊重，有利于你们更好地合作。

❑ 单元测试技能在测试群体中是稀缺技能，因此，掌握该
技能后，你将会获得额外的锻炼机会和个人影响力。要
知道，机会总是留给有准备的人。

2.1.2　单元测试类型

微服务中最大的复杂性不在于服务本身，而在于微服务之
间的交互方式。服务与服务之间常常互相调用，以实现更多、
更复杂的功能。

举个例子，我们需要测试的是订单类（Order）中的获取总
价方法（getTotalPrice()），而在该方法中除了自有的一些代码
逻辑外，通常需要去调用其他类的方法。比如，这里调用的是
用户类（User）中的优惠等级方法（reductionLevel()）和商品类
（Goods）中的商品单价方法（getUnitPrice()）。显然，优惠等级
方法或商品单价方法只要一方有缺陷或服务异常，就会导致订
单类中的获取总价方法的测试失败。对于这种情况，我们有两
种单元测试类型。

1. 社交型单元测试

如图 2-2 所示，测试订单类中的获取总价方法时会真实调用
用户类中的优惠等级方法和商品类中的商品单价方法，即将被
测试单元视为黑盒子，直接对其进行测试。这种单元测试类型
被称为社交型单元测试（Sociable Unit Testing）。

2. 孤立型单元测试

如图 2-3 所示，测试订单类中的获取总价方法时，使用测
试替身技术来替代用户类中的优惠等级方法和商品类中的商

品单价方法，且对象及其依赖项之间的交互和协作被测试替身代替。这种单元测试被称为孤立型单元测试（Solitary Unit Testing）。

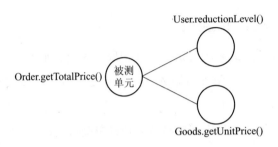

图 2-2 社交型单元测试

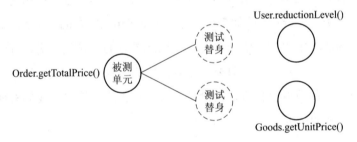

图 2-3 孤立型单元测试

另外，上述提到的测试替身是一种在测试中使用对象代替实际对象的技术。上述两种类型的单元测试在微服务测试中都起着重要的作用，可用来解决不同的测试问题。由图 2-4 可知，在微服务架构中，不同微服务组成使用的单元测试类型不同。

当微服务的"网关 + 仓库 + 资源 + 服务层"的代码量总和与域逻辑代码量之比相对较大时，单元测试可能收益不大。不同微服务组成使用的单元测试类型解释如表 2-1 所示。

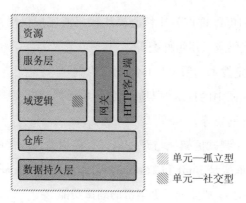

图 2-4　单元测试

表 2-1　不同微服务组成使用的单元测试类型

微服务组成	测试类型	原因
域逻辑	社交型	域逻辑高度基于状态，试图隔离这些单元几乎没有价值
网关和仓库	孤立型	在此级别进行单元测试的目的是验证从外部依赖项产生请求或映射响应的任何逻辑，而不是以集成方式验证通信
资源和服务层	孤立型	这部分逻辑比模块内的任何复杂逻辑更关心模块之间传递的消息。使用测试替身可以验证传递的消息的详细信息，并对响应进行打桩，以便指定模块内的通信流

2.1.3　如何进行单元测试

在实际项目中，我们应该怎样开展单元测试呢？通常来说，我们可以通过如下 4 个步骤完成单元测试。

1）确定使用单元测试的代码范围。

虽然单元测试很重要，但并不是所有代码都需要进行单元

测试。我们可以重点关注核心模块代码或底层代码，如重要的
业务逻辑代码或通用组件类等。

2）确定技术选型（以 Java 语言为例）。

单元测试中的技术框架通常包括单元测试框架、Mock 代码
框架、断言框架等。

❑ 单元测试框架：与开发语言直接相关，最常用的单元测
试框架是 Junit 和 TestNG。总体来说，Junit 属于轻量级，
TestNG 则提供了更丰富的测试功能。

❑ Mock 代码框架：常见的有 EasyMock、Mockito、Jmockit、
Powermock 等。

❑ 断言框架：Junit 和 TestNG 都支持断言框架，除此之外
还有专门用于断言框架的 Hamcrest 和 assertJ。

关于它们的优劣，网络上已有非常多的文章，这里不再赘
述。综合来看，个人比较推荐使用 Junit+Mockito+assertJ，建议
根据自己的需求选型。

3）引入衡量单元测试覆盖情况的代码覆盖率统计工具。

单纯地看单元测试的执行通过率比较单一，为了更全面地
看到测试的覆盖情况，我们可以借助代码覆盖率工具和技术。
在 Java 语言中，常用代码覆盖率统计工具有 Jacoco、Emma 和
Cobertura。个人推荐使用 Jacoco。

4）接入持续集成工具。

接入持续集成工具是为了形成工具链，将单元测试、代码
覆盖率统计工具集成在一起。代码提交时自动触发单元测试用
例的执行，并伴随有代码覆盖率的统计，最终获得单元测试报
告数据（用例通过情况和代码层面各个维度的覆盖数据），以便

判断是否需要修改代码，这样便形成一个代码质量的反馈环，如图 2-5 所示。后续章节还会讲到代码覆盖率统计工具和持续集成工具。

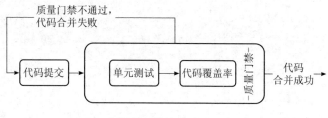

图 2-5　持续集成工具

2.1.4　单元测试实例

下面以 Java 语言为例，使用 Maven+TestNG+Mockito 进行单元测试。Mockito 是一个开源 Mock 框架（官网地址：http://mockito.org/）。

首先在 Maven POM 文件中引入 mockito 和 testng 包：

```
<dependency>
<groupId>org.mockito</groupId>
<artifactId>mockito-core</artifactId>
<version>2.23.4</version>
<scope>test</scope>
</dependency>

<dependency>
  <groupId>org.testng</groupId>
  <artifactId>testng</artifactId>
  <version>6.10</version>
  <scope>test</scope>
</dependency>
```

创建被测试类：

```
package com.jiamu.test;

public class Person {

  private String name ="jiamu";
  private int age;

  public Person(String name,int age) {
    this.name = name;
    this.age = age;
  }

  public String speak(String str) {
    return str;
  }
  public String talk(String str)
  {
    return str;
  }
  public String getName()
  {
    return name;
  }
    public void setName(String name)
  {
    this.name=name;
  }
}
```

在测试类中，模拟出 Person 类的函数返回值进行测试，如
Mockito.mock() 创建一个类的虚假对象（用来替换真实的对象），
并根据传进去的类，模拟出一个属于这个类的对象，然后返回这
个 mock 对象。when().thenReturn() 可以模拟方法的返回，详细文

档请参考 https://javadoc.io/doc/org.mockito/mockito-core/latest/org/
mockito/Mockito.html。

```java
import com.jiamu.test.Person;

import org.testng.*;
import org.testng.annotations.*;
import org.mockito.*;

public class TestPerson {

  /**
   *针对无参数函数进行模拟
   */
  @Test(priority = 0)
  public void test1() {
    String mocked = "mocked Return";
    Person person = Mockito.mock(Person.class);
    Mockito.when(person.getName()).thenReturn(mocked);
    Assert.assertEquals(person.getName(),mocked);
  }


  /**
   *针对任意基本类型参数进行模拟
   */
  @Test(priority = 1)
  public void test2() {
    String word = "mocked Return";
    Person person = Mockito.mock(Person.class);
    Mockito.when(person.speak(Mockito.anyString())).
    thenReturn(word);
    Assert.assertEquals(person.speak("微服务单元测试
    "),word);
  }
```

```
/**
*针对特定参数进行模拟
*/
@Test(priority = 2)
public void test3() {
  String word = "mocked Return";
  Person person = Mockito.mock(Person.class);
  Mockito.when(person.speak(Mockito.matches(".*单元测
  试$"))).thenReturn(word);
  Assert.assertEquals(person.speak("微服务单元测试"),"
  微服务单元测试");
}

}
```

2.1.5　单元测试最佳实践

了解了如何开展单元测试，那么如何做到最好呢？我们都知道，代码产生的错误无非是对一个业务逻辑或代码逻辑没有实现、实现不充分、实现错误或过分实现，所以无论拆解业务逻辑还是拆解逻辑控制时都要遵循 MECE（Mutually Exclusive Collectively Exhaustive，不重不漏）原则。

"不重不漏"说起来容易，做起来难。为了写出好的单元测试代码，我们可以遵循如下具体的实践规范。以 Java 为例，常见的规范或标准做法如下。

❑ 代码目录规范：单元测试代码必须放在 src/test/java 目录下。Maven 采用约定优于配置的原则，对工程的目录布局做了约定——测试代码存放于 src/test/java 目录，单元测试相关的配置资源文件存放于 src/test/resources 目录。源码构建时会跳过此目录，单元测试框架默认扫描此目录。

❑ 测试类命名规范：同一个工程里测试类只用一种命名格式，推荐采用 [类名]Test.java 或 Test[类名].java 格式，比如源类名为 AccountServiceImpl.java，那么测试类名为 AccountServiceImplTest.java 或 者 TestAccountServiceImpl.java。

❑ 测试方法命名规范：同一个工程里测试方法只用一种命名格式，推荐采用 test[源方法名]_[后缀] 格式。比如源方法名为 login()，则测试方法可以命名为 testLogin_XxxSuccess()、testLogin_XxxNotExist()、testLogin_XxxFail()。

❑ 测试数据要求：尽量使用等同生产环境中的数据测试，以保证数据有效性和多样性。

❑ 颗粒度要求：测试粒度足够小，有助于精确定位问题。单元测试粒度一般是方法级别，最好不要超过类级别。只有测试粒度足够小，我们才能在出错时尽快定位出错位置。一个待测试方法建议关联一个测试方法，如果待测试方法逻辑复杂分支较多，建议拆分为多个测试方法。

❑ 验证结果必须符合预期：简单来说就是，单元测试必须执行通过，执行失败时要及时查明原因并解决问题；必须能自动验证，要能报错，不能只有调用，不准使用 System.out 等语句进行验证，必须使用 Assert 语句来验证；必须要有逻辑验证能力和强度，不允许使用恒真断言（如 Assert.assertTrue(true);），不允许使用弱测试断言

（如测试方法返回数据，只验证其中某个单字段值就当作通过）。

❑ 执行速度要尽量快：单个用例的运行时间一般不超过 5 秒，这样才能在持续集成中尽快暴露问题。

❑ 必须独立稳定，可重复执行：单元测试通常会被放到持续集成中，如果测试对外部环境（发布环境、网络、服务、中间件等）有依赖，容易导致持续集成机制不可用。测试需要的任何条件都应该成为测试自身的一个自动化组成部分。

❑ 遵守基本质量卡点要求：增量及全量卡点必须有，但覆盖率具体卡点要求可以根据业务差异化、分阶段地确定，如起步推广阶段，提升覆盖率阶段，最终达到覆盖率目标。一般来说，要求行覆盖率大于等于 60%（经验值），分支覆盖率大于等于 80%（经验值），所有单元测试通过率 100%，并确保核心业务、核心应用、核心模块的增量代码单元测试增量覆盖率达到要求。

上述规范可能会因落地难度大和成本高而使开发人员望而却步。事实上，我们可以采取小步快跑的方式，逐步满足不同方面的要求，拉长落地的战线。

2.2 集成测试

上一节讲解了微服务架构下的单元测试，它是一种白盒测试技术，目的是验证软件代码中每个单元（方法或类等）是否符合预期。本节讲解微服务架构下的集成测试。

2.2.1　集成测试的概念

集成测试（有时称为集成和测试，简称 I & T）是软件测试中的一个环节。在该环节中，各个单独开发的软件模块组合在一起被测试，以便评估系统或组件是否符合指定的功能要求。

微服务架构也需要集成测试，需要针对不同服务中不同方法之间的通信情况进行相关测试。因为在对微服务进行单元测试时，单元测试用例只会验证被测单元的内部逻辑，并不会验证其依赖的模块。即使服务 A 和服务 B 的单元测试分别通过，也不能说明服务 A 和服务 B 的交互是正常的。

对于微服务架构来说，集成测试验证的一般是那些与外部组件（例如数据存储或其他微服务）通信的子系统或模块，目标是验证这些子系统或模块是否可以正确地与外部组件进行通信，而不是测试外部组件是否正常工作。因此，微服务架构下的集成测试应该验证要集成的子系统或模块与外部组件之间的基本通信路径，包括正确路径和错误路径。

2.2.2　微服务架构下的集成测试

如图 2-6 所示，网关组件层包含访问外部服务的逻辑，通常包含一个 HTTP/ HTTPS 客户端。客户端会连接到系统中的另一个微服务或外部服务。数据映射 / 对象关系映射模块连接外部数据存储模块。

微服务架构下的集成测试主要包括以下两部分。

❑ 网关组件层：微服务的组件与外部服务的通信路径。

❑ 数据持久层：数据库访问模块与外部数据库的交互。

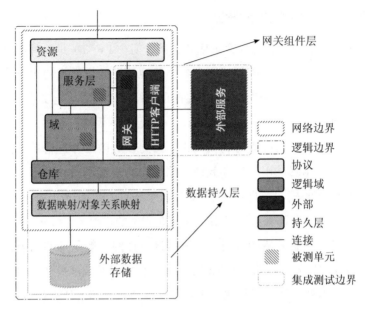

图 2-6　集成测试

　　注意，因为需要测试微服务下子系统和外部服务的通信是否正确，所以理想情况下不应该对外部组件使用测试替身。

　　下面逐一来看这两部分是如何进行集成测试的。

1. 网关组件层的集成测试

图 2-7 展示了网关组件层的集成测试。

图 2-7　网关组件层的集成测试

　　假设有一个登录服务，该服务需要知道当前时间，而时间是由一个外部时间服务提供的，当向 /api/json/cet/now 发出 GET 请求时，状态码为 200，并返回如下完整的时间信息。

```
{
$id:"1",
currentDateTime:"2020-07-29T02:11+02:00",
utcOffset:"02:00:00",
isDayLightSavingsTime:true,
dayOfTheWeek:"Wednesday",
timeZoneName:"Central Europe Standard Time",
currentFileTime:132404622740972830,
ordinalDate:"2020-211",
serviceResponse:null,
}
```

　　如果访问的 URL 错误，比如向 /api/json111/cet/now 发出 GET 请求，状态码为 404，返回如下错误提示。

您要找的资源已被删除、已更名或暂时不可用。

　　一般来说，集成测试会测试与外部服务的连接以及交互协议相关的问题，如 HTTP 消息头缺失、SSL 处理异常、请求和响应不匹配。所有的错误处理逻辑都需要在测试中被覆盖，以确保所使用的服务和协议客户端在特殊情况下能够按预期进行响应。

2. 数据持久层的集成测试

　　数据持久层的集成测试要复杂一些，因为结果会被保存在存储系统上并被持久化。每次测试的执行都可能因为数据更改而对后续测试产生影响。这意味着，两次测试之间并非完全独立，因为它们操作了共同的数据。

　　绝大多数情况下，两次测试之间的外部因素应该是相互独立的。因为这样的错误（修改测试数据而导致测试执行失败）出现后往往很难被意识到，进而影响排查进度。

　　为了保证两次测试的独立性，持久层集成测试的常见步骤如图 2-8 所示。

　　1）在执行任意测试前，先回退数据库到一个已知且可预测的状态，这需要清理或回滚到之前对数据库的修改；

　　2）插入已知且预期中的数据来重建数据库；

　　3）进行相关的测试；

　　4）循环上述过程。

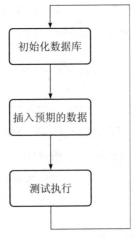

图 2-8　数据持久层集成测试

2.2.3　常见问题解决方案

　　很多时候我们会遇到外部服务不可用（服务尚未开发完成、

服务有 block 级别的缺陷未修复）、异常行为（如服务超时、响应慢等）很难去验证、数据初始化和场景构造成本高等问题。这些问题实际上都是有替代方案可以解决的。

1. 服务不可用的解决方案

针对服务不可用的问题，微服务虚拟化技术可以完美解决。它是避免与其他服务通信时出现意外的必要技术，尤其是在具有大量依赖项的企业中。它可以用于在测试阶段消除对第三方服务的依赖，解决延时或其他网络问题。它通过创建代理服务实现对依赖服务的模拟，特别适合测试服务之间的通信。常见的工具有 WireMock、Hoverfly、Mountebank 等。

以 WireMock 为例，如下代码的效果是：当相对 URL 完全匹配 /api/json/cet/now 时，将返回状态 200，响应的主体类似于 /api/json/cet/now 的返回值，Content-Type Header 的值为 text/plain；当相对 URL 匹配错误，比如访问 /api/json111/cet/now 时，则返回 404 错误。

```
@Test
public void exactUrlOnly() {
  stubFor(get(urlEqualTo("/api/json/cet/now"))
    .willReturn(aResponse()
     .withHeader("Content-Type","text/plain")
     .withBody(equalToJson("{
      $id:\"1\",
      currentDateTime:\"2020-07-29T02:11+02:00\",
      utcOffset:\"02:00:00\",
      isDayLightSavingsTime:true,
      dayOfTheWeek:\"Wednesday\",
      timeZoneName:\"Central Europe Standard Time\",
      currentFileTime:132404622740972830,
```

```
            ordinalDate:\"2020-211\",
            serviceResponse:null,

        }")))) ;


    assertThat(testClient.get("/api/json/cet/now").
    statusCode(),is(200));
    assertThat(testClient.get("/api/json111/cet/now").
    statusCode(),is(404));
}
```

2. 服务超时、响应慢的解决方案

如果使用真实服务测试，针对服务超时、响应慢等情况，借助各种工具会比较方便，比如常见的软件有 Fiddler、Dummynet、Clumsy 等。

WireMock 也支持模拟延时功能，比如使用 withFixedDelay() 可以实现固定延时的效果：

```
stubFor(get(urlEqualTo("/api/json/cet/now")).
willReturn(
        aResponse()
                .withStatus(200)
                .withFixedDelay(2000)));
```

使 用 withLogNormalRandomDelay() 可 以 实 现 随 机 延 时效果：

```
stubFor(get(urlEqualTo("/api/json/cet/now")).
willReturn(
        aResponse()
                .withStatus(200)
                .withLogNormalRandomDelay(90,0.1)));
```

3. 数据初始化和场景构造成本高的解决方案

上述对数据持久层集成测试的方法虽然通用，但是将数据库进行初始化需要编写大量的样例代码，插入预期的数据也需要编写大量的数据库操作语句。面对这个问题，我们可以使用一些现成的持久化测试框架来解决。常见的持久化测试框架有 NoSQLUnit、DBUnit 等。

DBUnit 的设计理念就是在测试之前，先备份好数据库，再给对象数据库植入需要准备的数据，在测试完毕后，再读入备份数据库，初始化到测试前的状态。DBUnit 可以在测试用例的生命周期内对数据库的操作结果进行比较。DBUnit 支持的数据库有 DB2、H2、MsSQL、MySQL、Oracle、PostgreSQL 等。NoSQLUnit 是用 DBUnit 类似的框架来编写的 NoSQL 数据库的测试，支持多种 NoSQL 数据库，包括 HBase、MongoDB、Redis、Elasticsearch、Vault、Neo4j 等。

2.3　组件测试

到目前为止，我们讲解了微服务架构下的单元测试，其目的是验证软件代码中每个单元的方法或类等运行结果是否符合预期；也讲解了微服务架构下的集成测试，其目的是验证微服务是否可以与外部服务或数据存储等基础设施服务进行交互。本节讲解单个微服务的质量的测试——组件测试。

2.3.1　组件测试简介

组件通常指大型系统中封装良好、连贯且可独立替换的中间子系统，在微服务架构中，一般代表单个微服务。因此，组件测试就是对单个微服务的测试。

一个典型的微服务应用程序中有许多微服务，且它们之间存在相互调用关系。因此，要想高效地测试单个微服务，我们需要对其依赖的其他微服务和数据存储模块进行模拟，如图 2-9 所示。

比如，使用测试替身工具隔离单个微服务依赖的其他微服务和数据存储模块，避免测试过程中受到依赖的微服务或数据存储模块的影响（如微服务不可用、微服务存在缺陷、数据库连接断开等）而出现阻塞测试、测试无效等情况。

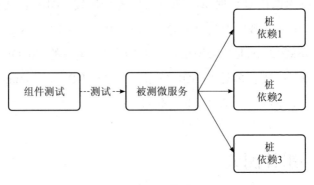

图 2-9　组件测试

从某种意义上说，组件测试的本质是将一个微服务与其依赖的所有其他微服务和数据存储模块等隔离开，以便对该微服务进行功能验收测试。

基于隔离特性，组件测试有如下优势。

❑ 测试替身对被测微服务与依赖的微服务进行隔离，使得微服务链路稳定、环境可控，以便测试顺利开展。

❑ 测试范围限定为单个微服务，使得测试设计和测试执行
　的速度快很多。

❑ 测试过程中发现的问题更容易复现，这不仅有利于问题
　定位，也有利于在问题修复后进行回归验证。

根据组件测试调用其依赖的方式，以及测试替身位于被测
微服务所在进程的内部还是外部，组件测试可以分为两种：进程
内组件测试和进程外组件测试。

2.3.2　进程内组件测试

进程内组件测试是将测试替身注入被测微服务所在的进程，
这样对微服务的依赖可通过方法来调用。

进程内组件测试如图 2-10 所示。

❑ 引入测试替身，即模拟的 HTTP 客户端和模拟的内存型
　数据存储模块。其中，模拟的 HTTP 客户端用来模拟实
　际的 HTTP 客户端，模拟的内存型数据存储模块用来模
　拟真实的外部数据存储模块。

❑ 将资源拆分成公共资源和内部资源。服务内部的网关连
　接模拟的 HTTP 客户端，不再连接实际的 HTTP 客户
　端。这是因为进程内组件测试不再需要网络通信，模拟
　的 HTTP 客户端需要通过一个内部接口进行请求的发
　送和响应。这需要用到一些库，以便进行接口之间的转
　换，比如基于微服务的 JVM 的 Inproctester 和基于微服
　务的 .NET 的 Plasma。

可见，桩代码、数据存储模拟模块均放在被测微服务所在
的进程中，且常驻内存的桩代码和模拟模块代替其依赖。通过

这种方式，我们可以尽可能真实地模拟被测微服务执行 HTTP 请求，而不会产生网络交互的额外开销。

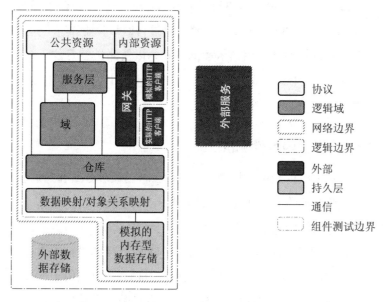

图 2-10 进程内组件测试

这样做的好处是可以最大限度地减少不确定因素，降低测试的复杂度，同时加快执行速度；不足之处是需要侵入微服务的源代码，并以测试模式启动和运行。在这种情况下，我们需要引入依赖注入框架，即根据程序在启动时获得的配置，使用不同的依赖对象。常见的依赖注入框架有 Spring、Castle Windsor、Unity、StructureMap、AUTOFAC、Google Guice 等。

除了使用测试替身验证单个微服务的业务逻辑，我们还可以针对微服务的网络响应等情况进行模拟，比如常见的有对外部服务响应延时、连接中断、响应格式错误等的模拟。

2.3.3　进程外组件测试

进程外组件测试是将测试替身置于被测微服务所在进程之外，因而被测微服务需要通过实际网络调用与模拟的外部服务进行交互。

如图 2-11 所示，用模拟的外部服务替代真实的外部服务，所以模拟的外部服务和被测微服务都以单独的进程运行，数据库、消息代理等基础设施模块则直接使用真实的服务。因此，被测微服务和模拟的外部服务存在于不同的进程中。除了对功能逻辑有所验证外，进程外组件测试还验证了微服务是否具有正确的网络配置并能够处理网络请求。

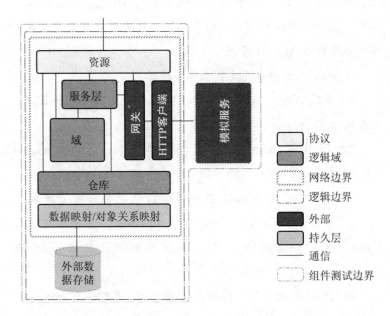

图 2-11　进程外组件测试

外部服务模拟也有不同的方法，常见的有使用动态调用 API、录制回放等。你可以根据自己的需求选取不同的模拟方法，如果依赖的微服务仅提供少数几个固定功能，并且返回结果较固定，可以使用静态数据来模拟；如果依赖的微服务提供的供能较单一，但是返回结果有一定的规律，可以使用动态调用 API 方法来模拟；如果依赖的微服务功能多样，推荐使用录制回放技术来模拟。

在实际微服务项目中，进程外组件测试非常常见，一般使用服务虚拟化工具对依赖的微服务进行模拟。在进行组件测试时，我们依然可以用 WireMock。与集成测试不同的是，组件测试需要更加细致，需要验证被测微服务的功能或行为是否符合预期，返回结果的格式是否符合预期，对超时、异常返回等行为是否具有容错能力，等等。

用 WireMock 模拟服务的具体步骤如下：

1）下载 WireMock 独立版本（执行 wiremock-jre8-standalone-2.27.0.jar 命令）。

2）将其作为独立版本运行（执行 java -jar wiremock-standalone.jar 命令）。

3）启动后，WireMock 会在本地启动一个监听指定端口的 Web 服务（具体可以用 --port 和 --https-port 来分别指定使用 HTTP 和 HTTPS 的端口）。之后，发送到指定端口的请求就会由 WireMock 来响应。

这时，在本地目录下我们会看到自动生成 files 和 mappings 两个目录。其中，files 存放接口响应中会用到的一些文件资源，mappings 存放接口响应匹配规则。文件资源以 json 格式存放在

mappings 目录下。WireMock 会在启动后自动加载该目录下所有符合格式的文件作为匹配规则使用。

4）编辑匹配规则文件 tq.json，并将其放到 mappings 目录下，代码如下：

```
{
  "request":{
    "method":"GET",
    "url":"/api/json/est/now"
  },
  "response":{
    "status":200,
    "body":"{\"$id\":\"1\",\"currentDateTime\":\"2020-07-
29T02:11+02:00\",\"utcOffset\":\"02:00:00\",\"isDayLightSa
vingsTime\":true,\"dayOfTheWeek\":\"Wednesday\",\"timeZone
Name\":\"Central Europe Standard Time\",\"currentFileTime\
":132404622740972830,\"ordinalDate\":\"2020-211\",\"servic
eResponse\":null}",
    "headers":{
      "Content-Type":"text/plain"
    }
  }
}
```

注意：body 中的内容为 json 格式时，需要对其中出现的双引号进行转义，否则启动 WireMock 时将报错。

5）重新启动 WireMock，访问模拟服务的对应接口（http://localhost:8080/api/json/est/now），返回如下：

```
{
$id:"1",
currentDateTime:"2020-07-29T02:11+02:00",
utcOffset:"02:00:00",
```

```
isDayLightSavingsTime:true,
dayOfTheWeek:"Wednesday",
timeZoneName:"Central Europe Standard Time",
currentFileTime:132404622740972830,
ordinalDate:"2020-211",
serviceResponse:null,
}
```

至此，我们就实现了对微服务的模拟。

要验证被测微服务的功能、返回结果的格式是否符合预期，我们需要先熟悉被测微服务所负责的业务功能，然后结合测试用例设计方法设计出验证被测微服务的测试用例，再使用WireMock 强大的模拟能力，对被测微服务功能进行验证，以保障被测微服务的功能符合预期。

要验证被测微服务出现的错误，我们可以借助 WireMock 的错误模拟能力，具体通过修改 WireMock 匹配规则文件中的特定字段来实现不同类型的错误的模拟。

1）错误类返回值模拟，代码如下：

```
{
    "request":{
        "method":"GET",
        "url":"/fault"
    },
    "response":{
        "fault":"MALFORMED_RESPONSE_CHUNK"
    }
}
```

可以设置 fault 的值来表示不同的错误。

❑ EMPTY_RESPONSE：表示返回一个空响应。

❏ MALFORMED_RESPONSE_CHUNK：表示发送非正常
响应的分块数据，然后关闭连接。

❏ RANDOM_DATA_THEN_CLOSE：表示发送随机数据，
然后关闭连接。

2）延时类返回值模拟，代码如下：

```
{
    "request":{
        "method":"GET",
        "url":"/delayed"
    },
    "response":{
        "status":200,
        "fixedDelayMilliseconds":2000
    }
}
```

替换 fixedDelayMilliseconds 字段，我们可以实现不同效果
的延时。

❏ fixedDelayMilliseconds：固定延时，单位为毫秒。

❏ delayDistribution：type 为 uniform，表示均匀分布延时，
可用于模拟具有固定抖动量的稳定延时。它带有两个参
数：lower（范围的下限）和 upper（范围的上限），如下
代码表示 20 ± 5ms 的稳定等待时间。

```
"delayDistribution":{
        "type":"uniform",
        "lower":15,
        "upper":25
}
```

❏ delayDistribution：type 为 lognormal，表示随机分布采

样延时。它有两个参数：median 代表中位数；sigma 代
表标准偏差。

```
"delayDistribution":{
    "type":"lognormal",
    "median":80,
    "sigma":0.4
    }
```

WireMock 的模拟能力远远不止这些，足够用来模拟被测微
服务。感兴趣的读者可以自行探索和学习。

综上可知，进程内组件测试和进程外组件测试各有优劣，
如表 2-2 所示。

表 2-2　两种测试的优缺点对比

	优点	缺点
进程内组件测试	测试设计简单，运行速度快	未测试到微服务的部署情况，仿真性弱
进程外组件测试	更具集成性和仿真性，测试覆盖率更高	测试设计复杂、成本更高；运行速度慢；跨网络、运行环境不稳定

可见，进程外组件测试的优势并不明显，因此，实际项目
测试中应首选进程内组件测试。如果微服务具有复杂的集成、
持久性或启动逻辑，进程外测试方法可能更合适。

2.4　契约测试

上一节讲到了微服务架构下的组件测试，它是针对单个微

服务的测试，虽然保障了单个微服务功能的正确性，但要想保障微服务间交互功能的正确性，就需要进行契约测试。

2.4.1　契约测试产生的背景

在介绍契约测试之前，首先来看一下什么是契约。现实世界中，契约是一种书面的约定，比如租房时要和房东签房屋租赁合同、买房时需和地产商签署购房合同、入职时要和公司签署劳动合同等。在信息世界中，契约也有很多使用场景，像 TCP/IP 簇、HTTP 等。只是这些协议已经成为一种技术标准，我们只需要按标准方式接入就可以实现特定的功能。

具体到业务场景中，契约是研发人员在技术设计时达成的约定，规定了服务提供者和服务消费者的交互内容。可见，无论是物理世界还是信息世界，契约是双方或多方的共同约定，需要协同方共同遵守。

在微服务架构中，服务之间的交互内容更需要约定好。因为一个微服务可能与其他 N 个微服务进行交互，只有对交互内容达成共识并在功能实现上保持协同，才能实现业务功能。我们来看一个极简场景，比如要测试微服务 A 的功能，但需要微服务 A 调用微服务 B 才能完成，如图 2-12 所示。

图 2-12　契约测试示例 1

微服务 A 所属的研发团队在对其测试时，很难保证微服务

B 是足够稳定的，而微服务 B 的不稳定会导致微服务 A 测试效率下降、测试稳定性降低。当微服务 B 有阻塞性缺陷或者宕机时，你需要判断是环境出错还是功能缺陷导致的。这些情况在微服务测试过程中属于常见的痛点问题。为了提高测试效率和测试稳定性，我们会通过服务虚拟化技术来模拟外部服务，如图 2-13 所示。

图 2-13　契约测试示例 2

需要特别注意的是，如果此时针对内部系统的测试用例都执行通过了，说明针对微服务 A 的测试是通过的吗？答案是否定的。因为这里有个特别重要的假设：模拟微服务 B 与真实的微服务 B 是一样的。事实上，它们可能只在最初虚拟化时是相等的，随着时间的推移，很难保持一样。

可能你会说，保持一样不就是一个信息同步的工作吗？事实上，在实际研发场景下，一个研发团队需要维护 a 个微服务，每个微服务又有 b 个接口，每个接口又被 c 个团队的微服务所调用。可见，信息同步的工作量是巨大的。

在微服务团队中，以下情况极为常见，每一个都会导致信息不同步。

❏ 微服务 B 的开发团队认为某次修改对微服务 A 无影响，所以没告诉微服务 A 的开发团队，而实际上是有影响的。

❏ 微服务 B 的开发团队认为某次修改对微服务 A 有影响，

而微服务 A 的开发团队认为无影响，没有采取必要的
措施。

❑ 微服务 B 的开发团队认为某些修改对微服务 A 有影响，
但实际工作中忘记把某次修改同步到微服务 A 的开发团
队，或者虽然告诉了微服务 A 的开发团队，但双方没有
达成共识，最终微服务 A 的开发团队也没有采取必要的
措施。

比较好的解决方法就是通过契约来降低微服务 A 和微服务
B 的依赖，具体指导原则如下。

❑ 根据微服务 A 和微服务 B 的交互生成一份契约，且契约
内容的变化可以及时被感知，并生成模拟微服务。

❑ 将微服务之间的集成测试变成两个测试，即真实的微服
务 A 和模拟微服务 B 之间的测试和模拟微服务 A 和真
实微服务 B 之间的测试，如图 2-14 所示。

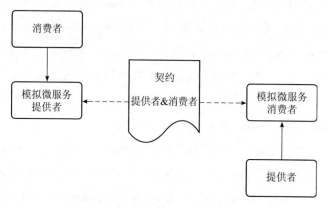

图 2-14　契约测试示例 3

理解了契约测试产生的背景，我们来讲解一下微服务架构下契约测试的具体含义。

2.4.2 契约测试简介

在微服务架构下，契约是指微服务的消费者与提供者交互协作的约定。契约主要包括两部分。

- ❑ 请求：微服务消费者发出的请求，通常包括请求头、请求内容（URI、Path、HTTP Verb）、请求参数及其取值类型和范围等。
- ❑ 响应：微服务提供者对请求的作答，可能包括响应的状态码、响应体的内容（xml 和 json 格式）或者错误的信息描述等。

契约测试是将契约作为中间标准，对微服务的消费者与提供者之间的协作进行验证。根据测试对象的不同，契约测试又分为两种类型：消费者驱动的契约测试和提供者驱动的契约测试。最常用的是消费者驱动的契约测试（Consumer Driven Contract Test，CDC 测试）。其核心思想是从消费者业务实现的角度出发，由消费者端定义需要的数据格式以及交互细节，生成一份契约文件，然后提供者根据契约文件来实现自己的逻辑，并在持续集成环境中验证该实现结果是否正确。

为什么要进行消费者驱动的契约测试呢？在微服务架构下，提供者和消费者往往是一对多的关系。比如，微服务提供者提供了一个 API，该微服务会被多个不同的消费者调用，当提供者想要修改该 API 时，就需要知道该 API 当前正在被多少消费者所调用，具体是怎样调用的。否则，提供者针对该 API 进行逻

辑或字段的修改（新增、删除、更新）时，都有可能导致消费者
无法正常使用。而消费者驱动的契约测试相当于把不同消费者
对该 API 的需求暴露出来，形成契约文件和验证点，提供者完
成功能修改后对修改结果进行验证，以保障微服务功能符合消
费者的预期。

　　工欲善其事，必先利其器。要想做某类测试，一个好的测
试框架是必不可少的。契约测试领域也有不少测试框架，其中
两个比较成熟的企业级测试框架为 Spring Cloud Contract（Spring
应用程序的消费者契约测试框架）、Pact 系列框架（支持多种语
言的契约测试框架）。

　　Pact 系列框架因自身的多语言支持特性，成为实际工作中
使用最频繁的框架。为了加深对契约测试的理解，我们来看一
个基于 Pact 系列框架的契约测试实例。

2.4.3　契约测试实例

1. 契约内容

　　如下所示，微服务提供者名称为 userservice，消费者名称为
ui，契约内容包含 POST 请求路径 /user-service/users，传参为对
象 user，返回状态码 201 和创建用户的 id。

```
{
  "consumer":{
    "name":"ui"
  },
  "provider":{
    "name":"userservice"
  },
  "interactions":[
```

```
{
    "description":"a request to POST a person",
    "providerState":"provider accepts a new person",
    "request":{
      "method":"POST",
      "path":"/user-service/users",
      "headers":{
        "Content-Type":"application/json"
      },
      "body":{
        "firstName":"Arthur",
        "lastName":"Dent"
      }
    },
    "response":{
      "status":201,
      "headers":{
        "Content-Type":"application/json"
      },
      "body":{
        "id":42
      },
      "matchingRules":{
        "$.body":{
          "match":"type"
        }
      }
    }
  }
],
"metadata":{
  "pactSpecification":{
    "version":"2.0.0"
  }
}
}
```

2. Spring Controller（Spring 框架控制器）

创建 Spring Controller，并遵循上述契约：

```
@RestController
public class UserController {


  private UserRepository userRepository;
  @Autowired
  public UserController(UserRepository userRepository) {
    this.userRepository = userRepository;
  }


  @PostMapping(path = "/user-service/users")
  public ResponseEntity<IdObject> createUser(@RequestBody
    @Valid User user) {
    User savedUser = this.userRepository.save(user);
    return ResponseEntity
      .status(201)
      .body(new IdObject(savedUser.getId()));
  }
}
```

3. 服务提供者测试

为了快速发现问题，最好在每次创建微服务时都进行契约测试，可以使用 Junit 来管理测试。

1）要创建 Junit 测试，需要添加依赖到工程：

```
dependencies {
  testCompile("au.com.dius:pact-jvm-provider-
  junit5_2.12:3.5.20")
```

```
    // Spring Boot dependencies omitted
}
```

2）微服务提供者测试 UserControllerProviderTest 并运行：

```
@ExtendWith(SpringExtension.class)
@SpringBootTest(webEnvironment = SpringBootTest.
WebEnvironment.DEFINED_PORT,
   properties = "server.port=8080")
@Provider("userservice")
@PactFolder("../pact-angular/pacts")
public class UserControllerProviderTest {


  @MockBean
  private UserRepository userRepository;

  @BeforeEach
  void setupTestTarget(PactVerificationContext context) {
    context.setTarget(new HttpTestTarget("localho
    st",8080,"/"));
  }

  @TestTemplate
  @ExtendWith(PactVerificationInvocationContextProvid
  er.class)
  void pactVerificationTestTemplate(PactVerificationCont
  ext context) {
    context.verifyInteraction();
  }


  @State({"provider accepts a new person"})
  public void toCreatePersonState() {
    User user = new User();
    user.setId(42L);
    user.setFirstName("Arthur");
```

```
user.setLastName("Dent");
when(userRepository.findById(eq(42L))).thenReturn
(Optional.of(user));
when(userRepository.save(any(User.class))).
thenReturn(user);
}


}
```

3）测试结果如下：

```
Verifying a pact between ui and userservice
  Given provider accepts a new person
  a request to POST a person
    returns a response which
    has status code 201 (OK)
    includes headers
      "Content-Type" with value "application/json" (OK)
    has a matching body (OK)
```

我们也可以将契约文件上传到 PactBroker，这样后续测试时可以直接到 PactBroker 加载契约文件：

```
@PactBroker(host = "host",port = "80",protocol =
"https",
      authentication = @PactBrokerAuth(username =
      "username",password = "password"))
public class UserControllerProviderTest {
  ...
}
```

2.5　端到端测试

前几节中，我们先后讲到了微服务架构下的单元测试、集成测试、组件测试和契约测试。本节讲解分层测试策略的最顶层——端到端测试。

2.5.1 端到端测试详解

1. 定义

端到端测试是用于测试整个应用程序的流程是否符合预期的方法。它模拟用户真实的使用场景，通过用户界面测试应用程序，如图 2-15 所示。

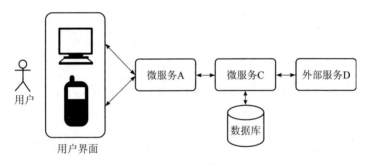

图 2-15　端到端测试

与其他类型的测试方法相反，端到端测试是面向业务的，目的是验证应用系统整体上是否符合预期。为了实现这一目标，该系统通常被视为黑盒子，即尽可能完整地部署微服务，主要通过 GUI 和 API 等公共接口对其进行操作。

图形用户界面或图形用户接口（Graphical User Interface，GUI）是采用图形的方式显示计算机操作系统用户界面，允许用户使用鼠标等输入设备操纵屏幕上的图标或菜单选项，以

选择命令、调用文件、启动程序或执行其他一些日常任务。

应用程序编程接口或应用程序接口（Application Programming Interface，API）是一组定义、程序及协议的集合。通过 API，我们可实现软件之间的相互通信。API 的一个主要功能是提供通用功能集，同时也是一种中间件，为不同平台提供数据共享服务。

由于微服务架构包含多个具有相同行为的活动部件，因此端到端测试为微服务之间传递正确的消息提供了更多保障，还确保正确配置了其他网络基础结构，例如防火墙、网络代理或负载等。

2. 测试范围

通过微服务的分层测试策略可知，端到端测试的范围比其他类型的测试方法的范围要大得多，如图 2-16 所示。

绝大多数情况下，微服务应用系统会依赖一个或多个外部服务。通常，这些外部服务测试在端到端测试范围内。但是，在极少数情况下，我们可以主动排除它们。因为外部服务如果由第三方团队或公司管理，可能会经常出现稳定性和可靠性问题，这会导致端到端测试失败，如图 2-17 所示。

比如，某个应用系统通过调用某部门的背景审查微服务来查询用户。首先，这样的微服务通常会按调用次数付费（每次 5 ～ 10 元），具有较高的使用成本；其次，背景审查微服务不总是稳定、可用的。在这种情况下，通过服务虚拟化技术模拟背景审查微服务是一个不错的选择，这可以在一定程度上提高测试用例的稳定性。

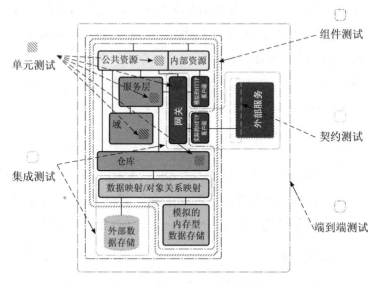

图 2-16 分层测试策略测试范围

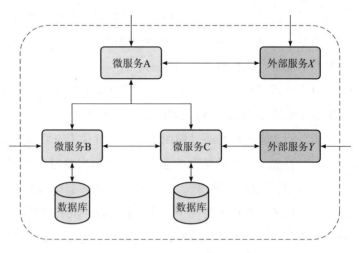

图 2-17 分层测试策略测试

3. 测试入口

因为端到端测试是面向业务的，测试时我们要从真实用户的使用场景进行测试。根据应用系统是否有 GUI，我们可以分为两种情况进行测试。

❑ 应用系统有 GUI：用户可以直接操作 GUI 来使用系统，诸如 Selenium WebDriver、Appium 之类的工具可以帮助驱动 GUI 触发系统内的特定行为。

❑ 应用系统没有 GUI：用户可使用 HTTP 客户端通过公共 API 直接操作微服务。由于没有真实的 GUI，我们不能直观地看到业务行为，但可以通过后台数据、操作日志来确定系统的正确性，比如 API 的返回结果、数据的变化情况，等等。

4. 测试设计

确定测试范围和测试入口后，我们可以进一步梳理要测试的功能列表或用例集，并对其按业务能力、优先级、重要性等维度进行分组。这样可以将它们拆分为较小的任务，以便整个团队排序处理，比如可以首先测试优先级较高的用例组，或按紧急程度处理关键的用例，尽早消除潜在障碍。

另外，由于端到端测试针对的是集成后的系统的行为，因此编写和维护测试用例会比其他类型的测试更加困难：端到端测试涉及的活动部件比其他测试涉及的活动部件多得多，需考虑异步处理。这些因素都可能给端到端测试带来挑战，比如测试过程不稳定、测试时间过长、测试用例集的维护成本高，等等。因此，我们应尽可能以粗粒度进行端到端测试设计。

2.5.2 端到端测试的两种形式

熟悉了端到端测试的基本内容，我们来看一下端到端测试的两种形式。

1. 手工测试

端到端测试的最常见形式是像真实用户那样通过 GUI 操作应用程序进行测试，且人工进行测试时，还可以适当引入探索式测试。

2. UI 自动化

对于带有 GUI 的应用系统，我们在进行端到端测试时，可以通过 UI 自动化的方式进行。如果 GUI 是 Web 形式，Selenium 是首选工具；如果 GUI 是 Native 形式，Appium 是首选工具。

当使用 UI 自动化方式进行端到端测试时，由于 UI 本身存在不稳定性，常常因功能迭代而发生变更，因此我们通过 UI 自动化方式测试应用系统时不应过分追求用例数量，应尽可能选取核心的场景进行测试。

端到端自动化测试不能完全替代端到端人工测试，比如，用户体验类功能无法用自动化测试来验证；UI 类功能迭代频繁，用自动化测试验证成本高、用例执行成功率低，进而增加用例的维护成本；自动化测试过程中无法引入探索式测试；等等。因此，我们通常会以人工和自动化两种形式配合进行测试，针对高频使用的功能、不经常迭代的功能通过自动化形式完成测试，针对其他功能通过人工形式进行测试。

探索式测试是一种人工测试方法，强调测试人员无约束地发现运行系统质量问题，可通过破坏性思维方式发现问题，并提出在应用系统中引发问题的原因，记录所有找到的问题，以备日后使用。

2.5.3 端到端测试实践心得

通过上述内容可知端到端测试的重要性、实用性、复杂性，这里聊一下笔者对端到端测试的实践心得。

1）编写尽可能少的端到端测试用例，但绝不能省略。

端到端测试的作用是确保一切微服务测试紧密联系在一起，从而实现业务目标。在端到端测试中，全面的测试无疑是浪费的，尤其当微服务数量较多时，投入产出比很低，所以需要所有其他测试手段都用尽后，再进行端到端测试，并以此保障最终微服务的质量。

微服务架构下的分层测试中，每一层都有独特的作用，不可轻易被省略。端到端测试更接近真实用户的操作，非常适合用来验证业务的核心链路和功能。微服务测试人员经常犯的错误是，在充分进行较低层次的测试后，乐观地认为微服务已不存在质量问题，结果问题被生产环境的真实用户发现后追悔莫及。

2）分析缺陷所在的层次，推进分层测试的落地与完善。

在微服务测试过程中，我们要善于对出现过的缺陷进行合理分析。比如，如果较高级别的测试发现缺陷，并且没有进行较低级别的测试或较低级别的测试执行失败，我们需要推动测试落地或完善较低级别的测试。只有尽可能地将测试推到测试金字塔的下方，我们才能逐渐将分层测试策略在项目中落地。

3）测试设计应着眼于真实的用户操作。

为了确保端到端测试用例套件中的所有测试都是有价值的，我们可以围绕用户角色以及这些用户在系统中的操作轨迹进行分析和场景设计。

例如，对于用户在网站购物场景来说，我们应编写的是一个包含浏览商品、放入购物车、付款这 3 个操作的单个测试用例，而不是分别单独测试每一个操作。这种方法可以显著减少编写的测试用例数量并缩短测试执行时间。

4）慎重选择测试入口。

如果特定的外部服务或 GUI 是测试用例套件执行不稳定的主要原因，我们可以重新确定测试范围，以便排除不稳定的组件。需要注意的是，虽然推荐使用服务虚拟化来模拟不稳定的服务，但尽量用真实的外部服务或 GUI 对核心链路进行至少一次的端到端测试，而不是一直使用服务虚拟化工具来模拟。

5）使测试与数据无关。

端到端测试的常见困难来源是数据管理，因此我们有必要针对测试数据进行管理：如果数据可以是业务操作行为数据，可在端到端测试执行之前构造好需要的测试数据；如果数据不能是业务操作行为数据，可以在数据库中插入所需数据。

6）端到端测试并非没有技术含量。

测试过程中的关注点和验证点不同，个人的收获也不尽相同。你可以把端到端测试看成是一个纯黑盒测试，将测试过程中发现的问题直接反馈给研发人员，待研发人员解决后回归验证。你也可以提前梳理好核心链路服务调用关系、数据库表结构、核心类代码逻辑等，在进行端到端测试时，针对关键操作实时查看接口调用情况、服务操作日志、数据库等信息。当出现问题时，或许你自己就能定位问题，即使未能定位到问题，也可以把排查到的中间结果告知研发人员，便于研发人员定位问题。这种端到端测试比纯黑盒测试要更有难度，但测试效率较高、范围更精准。

2.6　本章小结

本章主要介绍了微服务的分层测试策略内容。

❑ 单元测试：从服务中最小可测试单元视角验证代码行为是否符合预期，以便测试出方法、类级别的缺陷。

❑ 集成测试：验证当前服务与外部模块之间的通信方式或者交互是否符合预期，以便测试出接口缺陷。

❑ 组件测试：将测试范围限制在被测系统的一部分（一般是单个服务），使用测试替身将其与其他组件隔离，以便测试出被测代码的缺陷。

❑ 契约测试：验证当前服务与外部服务之间的交互，以测试其是否符合消费者所期望的契约。

❑ 端到端测试：从用户视角验证整个应用系统的功能是否符合用户预期。

下一章将讲解微服务质量保障体系的相关内容。

微服务质量保障体系

在上一章中，我们详细讲解了微服务架构下的分层测试策略。它可以确保系统的所有层次都被覆盖到，更多体现在测试活动本身的全面性和有效性方面。但要想将质量保障内化为企业的组织能力，我们就需要对质量保障进行体系化建设。从本章开始，我们将讲解微服务质量保障体系相关内容。

3.1 质量保障体系

不知道你有没有注意到一个现象，虽然不同业务之间有非常多差异，但当它们在质量保障方面建设得比较完备时，其质量保障体系大同小异。为什么会出现这种情况？这需要回归到质量保障体系的定义。

3.1.1　质量保障体系：以不变应万变

本节主要介绍质量保障体系的全景。

1. 质量保障的定义

通常情况下，对于业务发展来说，质量保障体系是企业内部系统的技术和管理手段，是有计划、系统的企业活动，目的是满足业务发展需求，生产出满足质量标准的产品。

如果和一群人为了共同的目标在一起做事做类比，质量保障的内涵和手段总结如表 3-1 所示。

表 3-1　质量保障的内涵和手段

	质量保障的内涵	质量保障的手段
目标	确保产品交付质量高、生产高效，从而实现业务价值	借助测试技术、持续集成与持续交付技术，对结果和过程进行度量和运营
一群人	业务线上的各个角色，如项目经理、产品经理、开发工程师、测试工程师、运营人员、运维工程师等	分工与协作，组织保障
做事	把产品需求变成软件产品并发布给用户，本质是一个产品交付过程	产品交付流程规范

2. 体系的定义

体系泛指若干相关事物或某些意识按照一定的秩序和内部联系组合而成的整体。听起来比较抽象，下面以项目管理知识体系 PMBOK 做类比进行理解。PMBOK（Project Management Body Of Knowledge，项目管理知识体系）是美国项目管理协会（PMI）对项目管理所需的知识、技能和工具进行的概括性描述。它涵盖了五大过程和十大知识领域。其中，五大过程是启动过程、规划过程、执行过程、监控过程、收尾过程；十大知识领域是整合管理、范围管理、时间管理、成本管理、质量管理、人力资源管理、沟通管理、风险管理、采购管理、干系人管理。

可见，当一个体系进行了比较合理的抽象后，它能够把一系列活动拆解成不同的方面，这些方面又相互协同形成一个有机的整体。对于每个测试从业者职业发展来说，质量保障体系的建立是测试工作中最有价值的地方，因此一定要尽早树立质量保障体系意识。

3.1.2 建立质量保障体系的切入点

可能你会疑问，既然质量保障体系大同小异，我们照着做不就可以吗？其实不然。这里需要先统一认知。

我们不能盲目建立质量保障体系，一定要结合业务特点和所处阶段。质量保障体系是为解决特定问题而逐渐形成的体系。换句话说，业务特点和所处阶段不同，各个环节搭建的优先顺序大不相同。我们实际在建立质量保障体系时，通常会从业务特点和所处阶段、业务目标和质量挑战两个方面切入。

1. 业务特点和所处阶段

业务特点和所处阶段决定了业务最核心的关注点，影响着质量保障工作的侧重点。下面以业务特点为切入点介绍质量保障体系的建立。

- ❑ 搜索引擎类业务：该类业务通常的特点是高并发、高存储量，且对时效性要求较高，属于效果类业务，线上会有各种类型的坏例。因此，数据生产过程中的质量把控、搜索效果评测、服务可用性和并发性等尤为重要。

- ❑ 出行类业务：该类业务通常的特点是业务元素多（比如用车场景中的乘客、司机、租车公司等）、业务链路长、需要线上和线下协作，同时涉及金钱交易、责任归属、人身安全等，客诉问题多种多样。因此，全链路自动化测试、性能测试、客诉响应机制等的建设就比较关键。

- ❑ 金融类业务：该类业务对安全性要求极高，同时需要响应市场和政策。因此，对于该类业务，安全类测试、风险控制类产品策略等方面的建设非常重要。

另外，在业务的不同阶段（初创期、探索期、成长期、稳定期），我们对产品迭代效率和质量的要求也有所不同，这些都需要综合考虑。比如，初创期和探索期的业务对产品迭代效率要求非常高，对质量要求则相对低些；而成长期和稳定期的业务对质量可能要比对迭代效率的要求高。

2. 业务目标和质量挑战

不同的业务特点对应的业务目标也有所差异，但共性是确保产品交付质量高、生产高效，从而实现业务价值，这体现出对质量、效率、价值 3 个维度的要求。伴随着微服务架构的各种质量挑战，达成这 3 个业务目标将更加困难，因此在建立质量保障体系时，我们要尽可能地完成如下工作。

- ❑ 建立自动化机制：为了提高研发质量和效率，引入丰富的测试工具和技术，建立完整的持续集成和持续交付机制。
- ❑ 全流程参与：测试团队将规范和工具建设等贯穿业务价值全流程，把各团队组织起来共同完成业务目标。
- ❑ 泛质量管理：变被动的验证为主动的预防，变传统的代码质量管理为业务全流程的泛质量管理，在各团队中推进质量文化建设。

3.1.3 质量保障体系全景

基于上述分析，通用的微服务质量保障体系如图 3-1 所示。

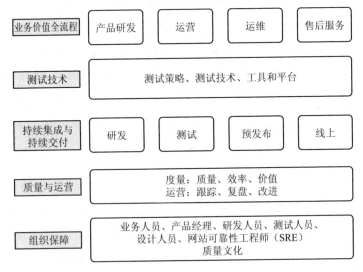

图 3-1　质量保障体系

以下是质量保障体系的关键方面。

1. 业务价值全流程

针对每个业务,我们所做的事情是把战略规划拆解成大的业务目标,再进一步拆解成产品需求。产品需求实现又经历产品研发、运营、运维、售后服务这样的业务价值全流程。在这个过程中,无论项目管理还是流程规范,都是质量保障中非常关键的一环。只有建立起闭环、分工明确、易执行的流程规范,才能保证项目可落地,从而形成业务价值正循环。

2. 测试技术

除功能性之外,质量还有其他属性,如可靠性、易用性、可维护性、可移植性等。这些质量属性需要通过各种专项测试技术来保障。同时,许多测试技术的首要价值在于提高测试效率。因此,合理组合测试技术,形成测试技术矩阵,有利于最大化它们的价值。

3. 持续集成与持续交付

微服务的优势需要通过持续集成和持续交付技术的支持才能充分发挥出来。这就要求在执行测试活动时提高反馈效率、尽快发现问题。一方面要明确各种生产环境在交付流程中的位置和用途差异点,保证它们稳定、可用;另一方面需要将各种测试技术和自动化技术集成起来,使代码提交后能够自动部署和测试,形成工具链。这样才能实现真正意义上的持续集成和持续交付。

4. 度量与运营

管理学大师德鲁克曾经说过,你如果无法度量它,就无法管理它。要想有效管理和改进业务，度量这个话题就难以绕开。在质量保障体系中，笔者基于质量、效率、价值等多维视角建立基础的度量体系，并结合运营做定向改进，形成 PDCA 正向循环，促使各项指标稳步提升。

5. 组织保障

打铁还需自身硬。质量保障是每个测试团队的天职，测试人员要努力强化质量意识和基本功，通过上述手段不断提升产品质量。需要注意的是，微服务架构下，产品迭代快，离不开组织中每个参与部门的努力，单靠测试人员已经无法保障产品质量。正如质量大师戴明所说，质量是设计出来的，不是测试出来的，因此在组织中营造质量文化至关重要。在这部分内容中，笔者将介绍常见的参与方的角色、职责和协作过程中的常见问题、对策，以及如何营造质量文化等内容。

3.2 质量保障体系的流程规范

好的流程规范能够保障业务稳步进行，使各部门各司其职。

一个团队的执行力高低取决于是否有流程规范的指导，不完善的流程规范会给工作带来错误的引导、降低工作效率、增加风险和隐患。完善的标准化流程对工作能起到指导和保驾护航的作用，提高工作效率，降低安全风险。

要想使产品研发能够有条不紊地进行，我们就需要制定和执行流程规范。产品研发流程大体分为需求阶段、开发阶段、测试阶段、发布阶段等。每个阶段都需要有相应的流程规范，以便把需求变成软件产品并发布到线上。

本节主要讲解软件研发项目中涉及的业务流程规范。

3.2.1 业务流程价值链

众所周知，软件产品研发是为其所在的业务服务的。每个企业或业务都有独特的为客户创造价值的流程。业务流程价值链是一个确定客户需求、满足客户需求的过程。在互联网领域，一个相对通用的业务流程价值链包含 3 个主要业务流程，如图 3-2 所示。

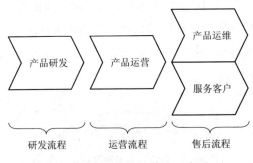

图 3-2 业务流程价值链示意图

1. 研发流程：产品研发

研发流程是指研发人员先做市场分析和调研，根据调研结果决定是否设计和开发新的产品（或进行产品改良），随后进行产品研发，并将产品发布到线上。

2. 运营流程：产品运营

运营流程是指产品上线后，通过各类运营手段向客户提供符合需求、高可用的产品与服务。常见的运营活动有拉新、留存、促活等。

3. 售后流程：产品运维、服务客户

售后流程主要包括产品运维和服务客户两方面，其中产品运维是指产品发布后，通过各类运维手段向客户提供符合需求的、高可用的产品与服务。常见的运维活动有容量规划与实施、服务集群维护、系统容错管理等；服务客户是由客服人员或售后工程师主导，包括解答或解决用户在使用产品后产生的疑问和投诉等。

这 3 个流程共同组成了整个业务流程，是测试人员的主战场。要做到全流程质量保障，测试人员需要具有全局思维（见图 3-3），积极影响产品研发人员，推动流程规范的制定和完善；对运营流程和售后流程保持关注，定期收集这两个阶段中遇到的问题，做好协同和配合，思考在产品研发阶段如何预防或闭环解决这类问题。

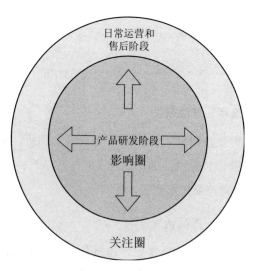

图 3-3　关注圈和影响圈

3.2.2　研究流程中的业务规范

流程规范用来指导和约束有关部门和人员。产品研发流程主要涉及如下关键角色。

- ❑ 项目经理（Project Management Officer，PMO）：通常情况下，如果业务部门设置了项目经理岗位，那么像日常的项目管理、流程规范制定等工作一般由项目经理主导，其他协同方有义务配合；如果没有设置项目经理岗位，流程规范由各协同方共同商议制定，其中产品研发流程规范绝大多数由测试部门主导制定，一般由测试部门编写初稿，与协同部门共同商议后确定。本书默认业务部门并未设置项目经理岗位。

- ❑ 产品经理（Product Manager，PM）：主要负责对需求进行分析、编写需求文档、组织需求文档评审、协调项目资源、对交付结果进行验收等工作。

- ❑ 研发人员（Research and Development engineer，RD）：负责编写技术设计方案、编码（包括与协同方联调和自测），最终把交付物提交给测试人员进行测试，测试完成后把交付物发布到线上。（对于发布环节来说，不同公司的操作人员不一样。可能的发布人员有 SRE、测试人员、研发人员等。本书假定发布环节由研发人员完成。）

- ❑ 质量保障人员（Quality Assurance，QA）：一般称为测试人员，主要负责确保该交付物符合当前产品需求。

- ❑ 网站可靠性工程师（Site Reliability Engineer，SRE）：软件工程师和系统管理员的结合，SRE 需要掌握很多知识，包括算法、数据结构、编程能力、网络编程、分布式系统、可扩展架构、故障排除等。

产品从需求到发布阶段的参与人与主要活动如表 3-2 所示。

表 3-2　产品从需求到发布阶段的参与人与主要活动

	需求阶段	研发阶段	测试阶段	发布阶段
主导方	产品经理	研发人员	测试人员	研发人员
主要参与方	研发人员、测试人员、设计人员、需求提出方	产品经理、测试人员	产品经理、研发人员	测试人员、产品经理
输入	需求分析报告	需求文档	需求文档，提测信息及环境	发布计划
主要活动	产品需求评审	技术设计评审联调和提测	测试用例评审、提测验收、各类测试活动	发布、线上验证与回归
输出	需求文档	提测信息及环境	测试方案、测试报告	发布记录

1. 需求阶段

（1）产品需求评审

需求阶段的主要工作是进行产品需求评审。产品需求评审是产品研发中非常重要的环节，以确保需求表述没有歧义。需求文档通常的表现形式是产品需求文档（Product Requirement Document，PRD）或市场需求文档（Market Requirement Document，MRD）。它们是技术设计和测试设计的重要依据，是后续所有工作的基础。规范需求评审流程可以达到提高需求文档质量、需求评审效率的目的。

（2）需求评审流程

需求评审流程主要包括预沟通、需求评审准入、需求评审前置准备、需求评审过程等环节。

为了提高需求评审的质量和效率，应设置需求评审准入标准。常见的标准如下。

❏ 需求评审前要完成需求预沟通，否则不予评审。

❏ 所有业务需求必须要有量化的目标，否则不予评审。

❏ 涉及交互变更的需求，必须要有出视觉稿的时间点，否则不予评审。

❏ PRD 里明确涉及的外部依赖团队在需求评审会前沟通。

❏ 迭代评审会前必须将新需求加到需求池。

❏ 大项目在启动研发前一周必须通知到研发人员及 QA。

❏ 至少提前一天发出需求文档，通知相关 RD 及 QA 对需求进行评审。PM 对 RD 及 QA 提出的问题做出解答后才能召开需求评审会。

（3）需求评审形式

❏ 需求评审必须以会议形式开展，参会人员包括所有项目相关人，跨端、跨部门项目需要有对应端和部门接口人。

❏ 需求评审会议邀请需要提前发出，并邀请所有项目相关人，禁止临时进行需求评审（特殊紧急需求除外）。

❏ 需求评审过程中，杜绝讨论细节，原则上单个需求评审时长不超过 1 小时。

❏ RD 及 QA 务必提前完整阅读需求文档，将阅读过程中发现的问题及时提出并反馈给 PM。

（4）需求说明要求

通常来说，需求说明应没有二义性。除此之外，需求说明还应该满足如下要求。

- ❑ 完备性：需求是否包含所有的正常场景，对异常场景的考虑是否足够，UI 设计图和提示信息等是否完整、友好。
- ❑ 易理解：需求的表述是否使用了结构化形式，流程类需求是否有清晰的流程图。
- ❑ 可行性：需求中的功能是否有可操作性，能否通过现有的技术实现。
- ❑ 一致性：需求是否与现有功能冲突，存在冲突时是否有兼容逻辑。
- ❑ 可测试性：功能性需求是否有评判的标准，非功能性需求是否有验证的标准和方法。

（5）需求评审检查单

需求评审检查单包括但不限于如下内容。

- ❑ 需求背景和目标（必须）：该需求解决的问题是什么，为什么要解决这样的问题，目前的方案为什么是有效的，需求目标如何量化。
- ❑ 业务流程（必须）：业务流程一般以图的形式展现，流程图包含新增或修改的局部流程图、产品整体的流程图。
- ❑ 交互逻辑（必须）：产品如何与用户交互，需要给出一个明确的交互流程示例。
- ❑ 数据埋点（必须）：产品上线后，诸如访问量、转化率、流失率这些数据的获取都依赖数据埋点技术。我们可以通过分析产品最终目标，倒推需要准备的原始数据。需求评审结束后产出明确的埋点方法及如何通过埋点数据评估产品效果的报告。比如要看某一个页面的点击转化率，首先要知道该页面的 PV、UV，还要知道控件的 PV、

UV，这样才能知道该页面的点击转化率。

❑ 效果评估计划（必须）：得到埋点数据后，需要对数据进行清洗和整理并产出最终的效果评估报告，明确说明数据应该在何时进行采集，在产品上线后多久进行效果评估及评估的频次和通过评估的标准。

❑ 产品运营计划（必须）：评审会议结束后要产出明确的产品运营计划，包括放量策略、推广渠道、产品亮点。运营驱动的项目，尤其是运营需要投入较多资金的项目，在产品设计的时候就要提前考虑灵活性，以防临时调整运营计划而被动。

通过以上检查内容可知，需求评审的确是一个专业且庞杂的事情。为了进一步降低评审成本、提升需求质量，我们将上述需求评审的检查项设置为需求文档模板。

对于测试人员来说，其在评审某个需求或技术设计时，还可能在执行另一个需求测试，如图 3-4 所示。测试要求测试人员专注，但很多测试人员往往不能全身心投入，而是等当前跟进测试的需求测试完成后再花精力去熟悉。这就造成了恶性循环。正确的做法是，提前思考需求中的重点、难点、风险点，提前应对。如果测试执行时间有一定的冲突，测试人员则需投入更多的个人时间，以便在后续测试执行中留有一定的缓冲时间。几个需求测试后，你就会进入一个良性循环。这对于其他关键评审环节，如技术设计评审同样适用。

2. 研发阶段：技术设计评审

技术设计评审主要包括评审是否满足业务功能和非功能质

量属性，以及发布方案是否完备。

技术设计评审原则如下。

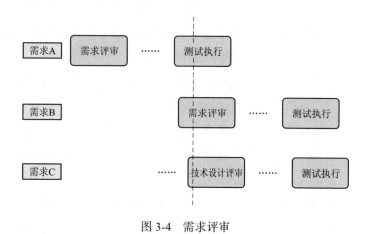

图 3-4　需求评审

❑ 正确性：评审技术设计是否满足业务全部功能性需求，对异常情况是否考虑充分。

❑ 可测性：对技术可控性、可观测性的评估，反映技术设计、实现的友好程度和测试成本。

❑ 非功能性：评审安全性、性能、稳定性、扩展性、可靠性等非功能质量属性。

❑ 兼容性：对不同形态和版本的终端以及上下游服务和数据兼容的评审。

3. 测试阶段：测试设计和测试执行

测试阶段主要分两部分：测试设计阶段和测试执行阶段。测试设计阶段主要是进行测试方案和用例的设计；测试执行阶段主要是在提测后，对测试方案或用例执行的过程。

测试用例的质量关系到测试执行的质量和测试工作本身的质量。我们可以通过两种方式提高测试用例质量：一种是尽量将测试用例模板标准化，另一种是对用例进行评审。测试用例评审时间过早和过晚都不好，一般应在提测前两天左右完成。

评审要点如下。

❑ 测试范围：测试用例是否覆盖了业务和技术需求，对于已有功能是否进行了必要的回归测试。

❑ 异常情况：用例是否考虑了非常规操作和其他异常情况。

❑ 易读性：测试用例是否包含前置条件、操作步骤和期望结果等必要信息。

❑ 非功能性设计：针对非功能性需求和技术设计，测试用例是否设计充分。

如果前面的阶段完成得好，测试执行阶段和发布阶段就会轻松很多。测试执行阶段涉及缺陷管理、测试总结与分析、测试报告编写等工作。这些是测试人员的看家本领，此处不再赘述。

4. 发布阶段

在发布阶段，研发人员需要准备好发布内容，采用既定的发布策略，并实时观察线上日志，进行线上回归测试。发布过程中如果出现问题，不要在线上解决问题，应立即回滚。线上回归测试完毕后，持续关注监控指标，对告警及时响应。

发布阶段通常是由研发人员主导的。发布过程中，研发人员需要进行日志和各项指标的监控，测试人员需要进行线上环境的验证。

图 3-5 给出了产品研发流程。可以看出，各个职能角色的关键活动和活动状态流转。其中，所有菱形所示环节都需要 PM、RD、QA 三方参与。

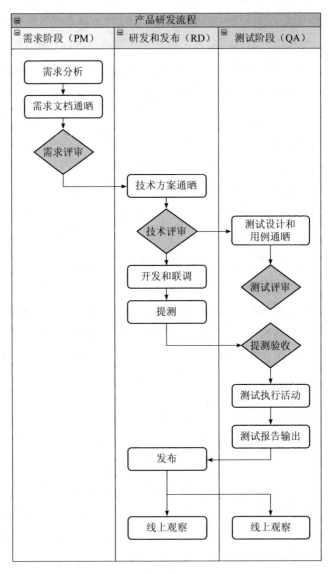

图 3-5 产品研发流程

3.2.3 流程规范的制定和落地

好的流程规范有助于明确各角色分工，从而共同创造客户价值。在微服务架构下，一个业务涉及的微服务数量多，服务与服务之间存在复杂的交互关系，不同服务分布在不同的团队中，一个需求开发通常需要多个微服务团队参与。基于这样的背景，我们在制定流程规范时会有如下考虑。

1. 各职能角色中必须有 Owner 角色

一个小型需求的实现需要产品经理、研发人员和测试人员等协同完成。一个大型需求往往是由几个小型需求组成，同一个职能角色会有多个人员承担，因此，为了便于协同，各职能角色中应设置 Owner 角色。基于此，Owner 角色在一定程度上需要有项目管理意识、知识和技能。

2. 重评审和讨论，群策群力

产品研发是一个脑力密集型工作，复杂度高。大量实践表明，在大规模软件开发中超过 50% 的错误来自需求分析和技术设计阶段。为了最大限度地降低风险，我们需要加大评审和讨论环节的投入，通过多方审查机制来保证过程质量、提高研发效率，所以需求阶段和研发阶段的早期流程应有好的规范。

3. 前紧后松，提前应对风险

在高速迭代的要求下，我们需要在研发早期发现更多问题，使后面流程更顺畅，尽量达到前紧后松的效果，以降低研发复杂度和风险。

4. 关键节点严格把控

产品研发的子阶段之间有承上启下的关系，主导方会发生变化，所以我们对这些节点要严格把控，避免遗留问题。

规范的制定没有特定的频率限制。通常情况下，我们在刚开始进行产品研发时会制定一个粗颗粒度规范，之后若出现现有规范不能解决的问题，则会先商讨解决方案，再逐步明确相应的流程规范。一个规范制定出来后，首先在测试部门内部进行评审，然后再与协同方达成共识，最后按照一定的节奏开始推广、执行。

在规范落地后，跟进执行情况，针对执行不到位的地方进行分析和改进，从而形成 PDCA 循环。

PDCA 循环是美国质量管理专家休哈特博士提出的，由戴明采纳、宣传，所以又称戴明环。全面质量管理的思想基础和方法依据就是 PDCA 循环。PDCA 循环的含义是将质量管理分为 4 个阶段，即 Plan（计划）、Do（执行）、Check（检查）和 Action（处理）。在质量管理活动中，要求对各项工作做出计划、实施计划、检查实施效果，然后将成功的计划纳入标准，不成功的计划留待下一次循环流程解决。这一工作方法是质量管理的基本方法。

当然，规范的制定与落地还需要结合人员配备、工具建设情况协同来看。那么，流程规范应该如何呈现呢？

流程规范涉及多方协作，呈现形式的第一要点是通俗易懂。一图胜千言，建议采用流程图的方式来展现，比如泳道图，如图 3-6 所示。

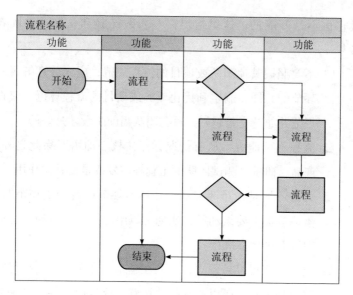

图 3-6　泳道图示例

　　泳道图是一种 UML 活动图，能够清晰体现某个动作发生在哪个部门。常见泳道图制作工具有 StarUML、Rose、Visio 等。泳道图的纵向是部门职能，横向是岗位（有时候横向不区分岗位）。其绘图元素与传统流程图的元素类似，但在业务流程主体上通过泳道（纵向条）区分执行主体，即部门和岗位。

　　对于流程规范中关键字眼或者需要重点关注的信息，我们需要用醒目的颜色或粗体标记出来。

3.2.4　实践经验和认知

　　好的流程规范能够保障业务稳步进行，使各部门各司其职。

但它也不是万能的，这里给出一些实践经验和认知，供读者
参考。

❑ 不要照搬其他团队或项目的流程规范，应充分理解每一
环节的意图，制定和优化业务或项目的流程规范。流程
规范并非越完善越好，适合团队当前阶段才是好的。

❑ 流程不可能穷举所有情况，抓住核心即可。除此之外，
产品、研发、测试团队的工程师应发挥重要补位作用。

❑ 人的习惯是最难改变的，在新增规范或者变更规范时，
落地节奏上要柔和些，比如可以给出一个适应期，适应
期过后再严格执行。

❑ 流程规范很容易建立，且往往越来越庞杂，导致执行时
就会打折扣，所以需要持续运营，或者用一些工具来减
轻执行负担，比如 JIRA、禅道、Redmine 等。

3.3 本章小结

本章首先讲解了质量保障体系的内涵，接着讲解了建立质
量保障体系的切入点，最后给出了质量保障体系的全景，包括
项目管理和流程规范、测试技术、持续集成与持续交付、度量
与运营和组织保障。同时，本章还介绍了业务流程的几个阶段：
产品研发、运营和售后阶段。下一章我们将讲解微服务测试
技术。

第 4 章 *Chapter 4*

微服务测试技术

前文讲解了微服务架构下的分层测试策略，提到了 5 种测试方法和技术。它们可以确保微服务系统的所有层次都被覆盖，测试活动全面、有效。除此之外，测试领域还有很多技术。但面对繁杂的技术，我们该如何选型呢？

4.1 技术选型

技术选型指的是根据实际业务管理的需要，对硬件、软件及所要用到的技术进行选择。

4.1.1 常见痛点及选型分析

众所周知，技术是为了解决实际的痛点，测试技术也不例外。通常在进行技术选型时，我们会关注如下几个因素。

1）团队的诉求：团队在质量方面遇到的痛点，是个别测试人员遇到的，还是团队整体遇到的。

2）技术的特性：基于痛点问题，有哪些可选的测试技术或工具；该测试技术解决了什么问题，有哪些优势和劣势；技术成熟度如何，如果涉及工具，使用开源工具还是商业工具。

3）落地的成本：引入该技术需要多大成本；该技术的落地需要哪个团队主导，哪些团队参与；团队是否具备落地这项技术的能力。

所以，技术的引入不是一蹴而就的，是分析痛点、对比优劣、做出决策的过程。

对于痛点的分析，建议按一定的维度进行，比如代码质量、测试效率、测试价值、业务发展阶段等，然后把测试痛点体现出来。测试团队通常会遇到如下几个痛点。

❑ 如何更早地发现问题？

❑ 如何衡量测试的充分性？

❑ 测试效果如何评估？

下面我们逐一分析这些痛点和对应解决技术。

1. 通过检查静态代码更早发现问题

微服务分层测试策略中的 5 种测试方法和技术均属于动态测试技术。动态测试技术是指观察程序运行时所表现出来的状态、行为等，通过预期结果和实际结果比对的方式发现缺陷。

动态测试技术存在以下局限。

❑ 不能发现文档类的问题；

❑ 绝大多数情况下，代码运行后才能发现问题；

❑ 修复问题必须要修改代码，并进行回归验证。

在这种情况下，我们可以引入静态测试技术。静态测试技术是指不运行被测代码，仅通过分析或检查源代码的语法、结构、过程、接口等来检查代码的正确性。静态测试技术一般分为两种：人工静态测试技术和自动静态测试技术。常见的人工静态测试技术有代码走查（Code Review）、各类评审（需求评审、技术方案评审、测试用例评审）等。常见的自动静态测试技术有静态代码检查，常用的工具为 Sonar。

Sonar 是一个开源平台，用于管理源代码的质量。Sonar 不只是一个质量数据报告工具，更是代码质量管理平台，支持的语言包括 Java、PHP、C#、C、COBOL、PL/SQL 等。

在 3.2 节中，我们强调评审环节的重要性。很多时候，它们已经融入流程的制定环节。代码走查也是很多研发团队进行分支管理的强制流程。发现问题的数量和深度依赖个人主观能动性和自身能力，是开展后续工作的必需环节。评审环节有利于了解系统的实现，促进交流和对系统的理解，提升研发人员和测试人员的质量意识。

相较于人工静态测试技术，自动静态测试技术有如下特点。

❑ 提早发现问题，不实际执行代码，当代码在提交时触发静态检查；

❏ 代码检查更加严格，检查规则可定制；

❏ 基于规则而非业务逻辑检查代码错误；

基于此，静态代码检查技术可以发现如下问题。

❏ 变量未初始化、变量已声明但并未使用、变量类型不匹配等；

❏ 重复代码块、僵尸代码；

❏ 空指针引用；

❏ 死循环；

❏ 缓冲区溢出；

❏ 数组越界。

当然，其由于是完全自动的检查，因此存在一定的误报率，需要人工对结果进行标记。静态代码检查能够以较低的成本自动发现各种语法和控制流方面的问题，所以它在质量保障体系中应用较广，通常会纳入持续集成和持续交付体系。

2. 通过代码覆盖率衡量测试的充分性

虽然测试人员在编写测试用例时，会使用各种各样的用例设计方法（白盒测试用例和黑盒测试用例），但到底应该怎么判断测试充分呢？可以借助代码覆盖率。我们可以从两个层面来看代码覆盖率。

❏ 业务层面：主要做法是通过需求文档编写测试用例，再通过多方评审确保测试用例覆盖了所有业务功能点，因此用例的执行通过率可表示代码覆盖率。如果所有用例执行通过，我们可以认为测试覆盖了100%代码。

❑ 代码层面：根据代码层面的测试对象，以覆盖的行、路
径、方法、类、接口、服务等的数量进行衡量。

在代码层面，对覆盖率的原理认知不正确会引发新的问题。
例如，如果代码覆盖率比较低，大概率是测试不充分导致的，
但代码覆盖率高，不能证明测试是充分的。而且只有代码覆盖
率，没有进行合理的验证是没有意义的，说得极端一点，你蒙
上眼睛操作软件，也会运行一部分代码，然而这部分代码覆盖
率没有任何意义。

所以，代码覆盖率的真正意义是体现已有代码的被执行情
况，主要价值在于识别出那些没有被覆盖的代码，并针对这部
分代码进行分析，从而对测试用例进行针对性的补充，或者从
中发现冗余代码。

代码覆盖（Code Coverage）是软件测试中的一种度量，
描述程序中源代码被测试的比例和程度，所得比例称为代码
覆盖率。

---

3. 通过测评机制衡量测试效果

很多时候，一个业务既包含逻辑类功能，也包含效果类功
能。效果类功能（如搜索引擎、路线导航、信息推荐等）的一大
特点是你不能快速判断出对或错，只能感性地识别体验是否好。
这样的系统或产品常见的痛点是线上有很多坏例，修复之后，
可能会导致产生一些新的坏例。那么，怎样较为全面地评估好
坏呢？

对于测试团队来说，其可以针对效果类功能建立相应的

测评机制。为了尽可能形象，这里用一个找工作的例子来
说明。

通常，我们在换工作时会遇到这样的情况：有不止一份工作
机会，但也没有哪份工作有特别明显的优势能够让自己快速做
出判断。比较好的选择方式是建立对工作机会打分的逻辑，大
体步骤如下。

1）列举出你选择工作岗位时最看重的几个特征，比如个人
发展、工作强度、上班距离、薪资待遇和其他。

2）对上述特征进行权重设置，使其总分为100，如表4-1
所示。

表4-1 打分权重设置

优先级	权重
个人发展	40
薪资待遇	30
工作强度	15
上班距离	10
其他	5
总计	100

3）把候选的工作按上述特征进行打分，并计算最终得分。
比如，个人发展特征的满分是40，有三家公司在个人发展方面
的优势差异明显，公司C>公司A>公司B，对其他特征也依次
打分，最终各项得分如表4-2所示。

表 4-2 不同工作的打分权重

优先级	满分 / 权重	公司 A	公司 B	公司 C
个人发展	40	30	25	35
薪资待遇	30	20	25	20
工作强度	15	12	10	8
上班距离	10	6	4	8
其他	5	5	5	5
总计	100	73	69	76

由上可知，测评打分要比完全不进行量化更利于做决策。其中，对一家公司关注的指标和权重可以随着自己职业发展进行调整，比如有的测试人员找工作时只看个人发展，其他特征不重要，就可以把特征设置为"个人发展 + 其他"，个人发展的权重可以设置为一个比较大的值，比如 90，其他特征的权重设置为 10。如果还考虑其他特征，你也可以补充并设置权重。总之，这个评测逻辑可以以不变应万变。

从找工作的例子中可以知道，我们在建立测评机制时可以遵循如下步骤。

1）指标选择：梳理出当前评测功能的效果衡量属性，且所选属性可量化；

2）权重设置：对效果衡量属性进行权重设置；

3）指标打分：选取足够的数据量测试功能效果，再对效果衡量属性进行打分；

4）效果输出：计算得出总分。

通常情况下，产品效果测评机制要比找工作测评机制更加复杂（指标需要更多维，数据更全面、更多样化）。在这个过程中，我们需不断和产品经理、研发人员讨论，最终确定多方达成共识的测评机制。

在实际项目中，针对效果类功能，我们还可以进行 A/B 测试。一般情况下，A/B 测试由研发人员主导，测试人员较少参与，这里不再赘述。

A/B 测试是为 Web、App 界面或流程制作两个或多个版本，在同一时间维度，分别让组成成分相同（相似）的访客群组（目标人群）随机访问这些版本，收集各群组的用户体验数据和业务数据，最后分析、评估出最好版本，并正式采用。

A/B 测试用于验证用户体验、市场推广方法等，而一般的工程测试主要用于验证软件、硬件是否符合设计预期。

当然，测试的痛点不限于此，测试技术也不限于此，但对技术的选型逻辑大同小异。下面给出我在这方面的认知和理解。

4.1.2 对技术选型的认知

技术选型的本质是问题与解的匹配：先有痛点问题，再有大致的技术解决思路，最后进行选型分析和决策。其中，痛点问题通常伴随着业务和团队的发展而持续存在，这其中的关键环节是知道大致的技术解决思路。这需要具备一定的技术视野，即要在技术上见多识广，不断学习，打破思维边界、拓宽眼界。同时需要注意的是，随着业务和团队的发展，我们需要根据成本、技术的成熟度、工具及其适用性进行选择。

4.2　提效技术

我们都知道，测试过程大体可以抽象为测试设计（各类评审、测试用例编写、测试数据准备）、测试执行（测试用例执行、Bug 创建与跟进）、测试回归（回归用例的维护、回归用例的执行）。

针对上述内容进行以下局部优化，我们可以提高测试甚至研发效率。

❑ 测试人员通过学习或经验的积累获得能力的提升。

❑ 针对测试对象进行过程优化，使测试更顺畅；严格遵守流程规范，减少返工和无效沟通；进行过程质量把控，当研发过程质量提升时，测试时间将大大缩短。

❑ 确保测试环境稳定可用，且尽可能地仿真生产环境。

针对上述优化项，测试团队需要持续投入人力，因此，引入能释放人力的测试技术是非常必要的。

4.2.1　释放人力的测试技术

1. 自动化测试技术

自动化测试技术指的是能自动执行软件，并进行预期结果和实际结果比对，进一步产生测试结果或测试报告的技术。它与人工测试相比有如下好处。

❑ 效率高：自动化用例可以并发执行，且运行用例的服务器性能越好，执行效率越高。

❑ 精确：测试人员在执行测试过程中可能会因疏忽而犯错，自动化测试用例不会。

❏ 可重复：自动化测试用例可以重复执行、昼夜不停，而
  人工执行基本只在工作时间测试，重复执行还会产生懈
  怠情绪，从而降低效率。

❏ 整体速度快：运行过程不占用人力，测试人员可以去做
  其他更有价值的事情。

在前面章节讲解过微服务架构下的分层测试策略，不同层
次的测试都可以实现自动化。在实际落地过程中，我们还需要
根据团队和业务特点来确定自动化测试的目标，针对不同层次
的测试设定合理的目标，优先将最有价值（核心、高频、重要）
的业务场景下的测试自动化，将不常变化的测试用例以自动化
的方式执行起来。如果被依赖服务经常出错，可以用模拟的方
式进行隔离。

通常来说，自动化测试的主要意义在于回归测试。

2. 流量录制与回放

随着业务和系统的不断迭代，回归测试的比重越来越高。
自动化回归测试能极大地提高测试效率。编写回归测试用例时，
测试数据准备时间长是一大痛点，因此，如果能够较快地准备
好测试数据，将极大地提高回归测试效率。

通常来说，整个研发的交付环境既有线上（生产）环境，又
有线下（测试）环境。线上环境的数据充足，线下环境的数据
稀缺。因此，采集线上环境的数据作为测试用例，在测试环境
进行用例的回放和结果的比对，这样就可以知道在迭代过程中，
是否会对线上已有的用例造成影响。这就需要用到流量录制与
回放技术。

常用的工具有 XCopy、Jvm-Sandbox-Repeater、RDebug 等，这些工具都有详细的使用说明，因此不再讲解如何使用它们。

Jvm-Sandbox-Repeater 是 JVM-Sandbox 生态体系下的重要模块，具备 JVM-Sandbox 的所有特点，以插件式设计快速适配各种中间件，封装了请求录制和回放基础协议，提供了通用、可扩展的 API。

XCopy 是由网易主导、多家公司参与开发的，包括在线服务器流量复制功能的一系列开源软件，如 TCPCopy、UDPCopy、MysqlCopy 等开源软件（这些软件都集成在 TCPCopy 开源项目内）。TCPCopy 是一种请求复制（复制基于 TCP 的 Packets）工具：先复制在线数据包，修改 TCP 和 IP 头部信息，再发送给测试服务器。

3. 持续集成与持续交付

持续集成（Continuous Integration，CI）与持续交付（Continuous Delivery，CD）在提高测试效率甚至交付效率方面发挥着重要作用。

要想实现持续集成与持续交付，我们需要尽可能地把所有事情自动化。首先明确适合自动化和不适合自动化的事情，如人工审批、人工演示、探索性测试和 UI 验收测试等不适合自动化；然后进行构建流程、部署流程、各个层次的测试，包括基础组件的升级和软件的配置等都可以自动化。

持续集成工具主要有 Jenkins、TeamCity、GitLab CI 等。

Jenkins 的前身是 Hudson，是一个可扩展的持续集成引擎。Jenkins 是一款开源 CI 和 CD 软件，用于自动化各种任务，包括构建、测试和部署软件。Jenkins 支持各种运行方式，如系统包、Docker 或者独立的 Java 程序。

由图 4-1 可知，在研发人员提交代码后，CI 服务根据指定分支自动执行编译、打包、部署，之后自动执行一系列测试，将每一个阶段的测试结果反馈给开发人员，这样就可以实现快速反馈、快速解决问题，提高研发和测试效率。

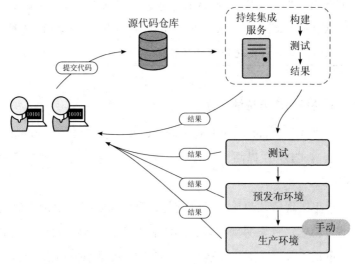

图 4-1　CI/CD 流程示意

4.2.2　对提效技术的认知

下面是笔者对精准测试和自动化测试收益分析方面的认知

和思考，供读者参考。

1. 看清楚精准测试

了解了常见的提效测试技术后，你可能会提到精准测试。在笔者看来，精准测试不是一种特定的技术，更像是一种测试方法论或思想体系。

对于测试人员来说，最理想的情况是，只对已更改的组件测试，而不是进行大量的回归测试。精准测试的目标是在不降低质量标准的前提下，缩减测试范围、减少测试独占时长，主要解决传统黑盒测试中回归测试较多、耗时较长的问题。在精准测试过程中，我们会应用到各种其他测试技术（自动化测试技术、流量录制与回放技术、质量度量、代码覆盖率分析等）。如果只是知道这种思想，缺乏对其他测试技术的纯熟运用和大量实践，也很难达到精准的效果。因此，从技术角度看，精准测试不是完美的，也不可能是完美的。

其实，精准测试现阶段只是一个新颖的理念，保持关注即可。

2. 自动化测试的收益分析

自动化测试从逻辑上看是提效的绝佳方式，但不同的团队、业务阶段，自动化收益不同。如果不进行收益分析，我们甚至说不清楚它到底产生了哪些收益，也就不知道应该如何调整自动化测试策略。因此，在落地自动化测试过程中，一定要定期衡量它的投入产出比（Return On Investment，ROI）。

针对自动化测试的 ROI，我们可以通过如下计算公式获得：

ROI=自动化提升的效率/自动化产生的成本

  =（手工用例执行时间−自动化用例执行时间）×

   自动化用例的有效执行次数/自动化用例编写和维护的总成本

进一步地，自动化用例执行通常不需要人工值守，所以可以忽略不计，则最终公式应为：

ROI =手工用例执行时间×自动化用例的有效执行次数/

   自动化用例编写和维护的总成本

以上公式为提高自动化测试效率指明了方向，具体如下。

❑ 增加手工用例执行时间：提高自动化用例的功能或覆盖率，使与之相对应的手工用例执行时间变长。

❑ 增加自动化用例的有效执行次数：比如，每进行一次代码提交、环境部署，触发一次自动化用例执行，使自动化用例有效执行次数增加。

❑ 降低自动化测试用例编写和维护的总成本：通过工具自动生成用例，提升自动化测试用例的稳定性、运行环境的稳定性等方式降低自动化测试用例编写和维护的总成本。

自动化测试除了可以节省时间，还可以发现缺陷。为了发现更多缺陷，自动化测试用例需要有一定的覆盖率。而覆盖率提升会在一定程度上降低用例的稳定性、增加维护成本。所以，我们需要综合两者对自动化测试收益进行分析，以避免测试团队陷入常见的极端情况：缺乏结果导向，只写自动化测试用例，但对测试收益不关注。

　　本节首先介绍了测试过程的大体内容，如测试设计、测试执行和测试回归，针对这些测试过程的改进可以提高测试效率，但对测试人员时间有比较明显的耗费，虽然是必需的测试工作，但可以引入能够释放测试人力的测试技术。

　　接着讲解了可以用于提效且可适度释放测试人力的测试技术，如自动化测试技术可以用于回归测试。在实际落地过程中，我们需要根据团队和业务特点确定自动化测试目标，针对不同层次的测试设定合理的目标。流量录制与回放技术是采集线上环境的数据作为用例，在测试环境中进行用例的回放和结果比对，以快速知道是否影响线上功能。持续集成与持续交付技术则把编译 – 打包 – 部署 – 测试等环节关联起来，实现快速反馈、快速解决问题，以提高研发和测试效率。

　　最后分享了针对精准测试和自动化收益分析的认知。精准测试是一种方法论，不是一种特定的技术，因此掌握精准测试不太具有实操性，与个人能力的积累和基础建设的成熟度有很大关系。自动化测试收益需要持续关注，从而有针对性地提高投入产出比。

4.3　专项测试技术

　　上一节讲解了释放人力提高效率的测试技术。本节主要讲解专项测试技术解决了哪些专项问题？

　　当提到"专项"时，我们通常有两种理解。

❑ 某类问题非常突出，需要通过立专项的方式进行集中治理。

❑ 业务系统出现非功能性质量问题或隐患。通常来说，这种情况下我们需要引入非功能测试技术。

本节主要针对第二种专项测试技术进行讲解。

4.3.1 非功能测试

在前面的章节，我们讲解了微服务架构下的分层测试策略。它们是面向功能的测试，主要用于验证功能属性是否符合预期。在功能属性之外，还有很多非功能质量属性，如可靠性、可测性、可用性、可扩展性，等等。而要验证这些非功能质量属性，就需要引入非功能测试技术，如性能测试、安全测试、兼容性测试、可靠性测试等技术。

非功能测试技术是一种软件测试技术，也就是我们常说的专项测试技术。它使用非功能性参数来测试系统，而功能性测试无法验证系统的非功能属性。非功能测试的典型应用示例是检查可以同时登录系统的人数。由此可知，非功能测试不会对系统的功能产生直接的影响，但可以在很大程度上提高用户体验和系统友好性，进而对软件质量产生更好的影响。

可见，非功能测试与功能测试同等重要，并且极大地影响了客户对软件应用程序的满意度。

4.3.2 常见的专项测试技术

对于微服务架构来说，非功能测试有很多，常见的有如下几类。

1. 全链路压测

对于服务端来说，性能测试尤为重要。通常情况下，我们会通过单接口性能测试发现其性能问题并解决。常见的工具有 Apache Benchmark、JMeter、LoadRunner 等。微服务架构下，单接口性能测试很难模拟出接近生产环境的场景和数据规模，因为整个集群和系统的性能取决于接口的短板效应（见图 4-2）。而短板效应在正常流量下是不会显现出来的。

图 4-2　短板效应

微服务架构下，系统及接口不是独立存在的，它们的调用关系很复杂。当业务流量暴涨时，从网关接入层到各级后端服务都将面临巨大的请求压力，而且会受到公共资源的制约，如 CDN、网络带宽、消息队列、缓存、各类中间件、数据存储等，最终会体现为某个服务的处理能力出现瓶颈，进而引发宕机。当某个单点服务出现性能问题时，这种问题会被快速累积放大，进而成为系统性问题，如果不及时解决，会造成雪崩效应，进而引发整个系统集群的瘫痪。

这种情况下,我们可以引入全链路压测。它是基于生产环境的业务场景、系统环境,模拟海量用户请求和数据以对整个业务链进行压力测试,并持续调优。通过全链路压测,我们可确定系统的基准吞吐量,找到集群的短板,快速确定特定场景下的集群服务器配比和每个系统支撑该场景所需服务器的数量。因此,全链路压测起到了两个作用:第一个是发现整个系统的服务能力瓶颈,以便进行针对性的优化;第二个是获取合理的服务器数量配比,以便针对短板服务调整服务器配置,用容量来换取性能,极大地节省成本。

现在大型互联网公司如京东、阿里巴巴、美团、滴滴、饿了么等,已经建立起全链路压测机制,它们通常会在节假日、大型促销活动之前进行全链路压测。一般来说,全链路压测平台需在接入层的请求接口进行真实流量复制(如使用网易开源的TCPCopy),这样可以降低模拟数据带来的成本,将复制的流量请求引入压力测试环境,对微服务集群进行施压。如果要加大压力,可调节 TCPCopy 的参数。在数据库存储方面,通过影子库及影子表进行真实数据和模拟数据的隔离:影子表和生产表建立相同的表结构,并以标签进行区分,以便隔离、删除。

全链路压测工具通常需要基于业务系统进行特殊设计与开发,因此没有特定的测试工具可以直接支持。如果想了解具体实现原理,你可以借鉴大型互联网公司的全链路压测方案。

2. 安全测试

通常来说,因为某些业务自身具有的特殊性,安全测试变得很重要，比如金融类业务。像奇虎 360 公司在安全方面有足够好的基础建设，日常研发和交付都需要进行专门的安全测试。

安全测试是以发现系统所有可能的安全隐患为出发点，通过分析系统架构，找出系统所有可能的攻击界面或入口，再进行完备的测试。安全测试需要比较高的知识和技术门槛，如各类型的 DDoS 攻防技术、安全对抗经验和数据分析溯源经验等，因而安全测试工程师一般作为一种特定的职位存在。

安全测试分以下几种。

❑ 专门的安全测试公司，比如奇虎 360 公司。

❑ 专职的安全测试人员，负责所在业务的安全类测试。

❑ 邀请第三方公司进行渗透测试。渗透测试以成功入侵系统，证明系统存在安全问题为出发点，以攻击者的角度看待和思考问题。

❑ 没有专项安全测试，但在常规测试中加入安全测试元素，比如针对日志信息进行脱敏、对接口中的关键数据进行脱敏、防止服务被爬等。

常用的安全类测试工具有 Kali Linux、SQLmap、Burp Suite、Wireshark 等。

3. 灾难恢复测试

灾难恢复测试（Disaster Recovery Testing，DiRT）是通过对系统故障处理进行演练，看看各团队如何协同响应。它的目标是沉淀通用的故障模式，以可控的成本在线上生产环境进行重放，通过演练暴露问题，不断推动系统、工具、流程、人员能力的提升。生活中比较类似的例子是防火演习和地震演习。

灾难恢复测试不仅可以检验业务应用系统处理故障的能力，还可以在故障发生时，快速发现并定位故障，通知相应团队进行处理。更重要的是，其有利于完善应急预案，验证应急预案的有效性。因此，灾难恢复测试并非测试人员或测试团队单方面就可以完成的事情，通常需要协同开发团队、DBA、SRE、运营团队、客服团队等一起参与讨论，制定出应急预案。

相关的工具有 Chaos Monkey 和 Chaos Blade。Chaos Monkey 是 Netflix 开发的开源工具，支持在生产环境随机选择、关闭服务。Chaos Blade 是阿里巴巴开源的一款混沌工程工具，可以实现底层故障注入和故障场景重现，从而帮助分布式系统提升容错性和可恢复性。

本节讲解了微服务架构功能中的质量属性、非功能中的质量属性，如可靠性、可测性、可用性、可扩展性等，而要验证这些属性，需要引入专项测试（非功能测试）技术。常见的专项测试技术如下。

❑ 全链路压力测试基于生产环境的业务场景、系统环境，模拟海量的用户请求和数据，以对整个业务链进行压力测试，并持续调优，以此找到系统集群的短板，从而进行有针对性的优化，或者合理的服务容量规划，降低运维成本。

❑ 安全测试通过分析系统架构、对所有可能的攻击入口进行完备的测试，旨在发现系统中所有可能的安全隐患点。

❑ 灾难恢复测试通过对系统故障处理进行演练，确保各个团队按照约定好的流程协同响应。

4.4　CI、CD 和测试环境

　　微服务的优势需要借助持续集成（CI）和持续交付（CD）才能充分发挥出来，这就要求在执行测试活动时提高反馈效率，尽快发现问题，一方面要明确各种生产环境在交付流程中的位置和用途差异点，保证它们稳定、可用，另一方面需要将各种测试技术和自动化技术集成起来，使代码提交后能够自动进行构建、部署和测试等，形成工具链，这样才能实现真正意义上的 CI 和 CD。

4.4.1　CI、CD 和测试环境简介

　　CI 和 CD 就是要在不同的环境之间传递价值，提高反馈效率，尽快发现问题。因此，本节主要讲解如何更好地利用多个测试环境。

1. CI 和 CD

　　CI 代表研发人员工作流程自动化，目的是让正在开发的软件始终处于可工作状态。对于 CI，我们主要关注代码是否可以编译成功，以及是否可以通过单元测试和验收测试等。如图 4-3 所示，当开发人员提交了新代码后，CI 服务器会自动对这些代码的所属服务进行构建，并对其执行全面的自动化测试。根据测试结果，我们可以确定新提交的代码和原有的代码是否正确地集成在了一起。如果整个过程中出现构建失败或测试失败，我们也需要立即让开发人员知道并修复。重复上述过程，我们就可以确保新提交的代码能够持续地与原有代码正确地集成。

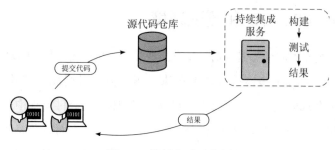

图 4-3 持续集成示意图

CD 的含义有两种：持续交付（Continuous Delivery）、持续部署（Continuous Deployment）。持续交付和持续部署是两个特别容易混淆的概念，二者最为本质的区别是：持续部署是一个技术操作，持续交付是一个业务行为。

下面展开介绍二者的区别。

（1）持续交付

持续交付是指所有开发人员始终让主分支（也叫发布分支）保持可随时发布的状态，并根据实际需要来判断是否可进行一键式发布。

持续交付主要通过如下方式来实现：开发人员在特性分支上工作，这些分支存在的时间比较短，执行相应的功能测试后，合并到发布分支。如果特性分支发现引入了其他类型的错误（包括缺陷、性能问题、安全问题、可用性问题等），将测试结果反馈给开发人员，由开发人员解决问题，使发布分支始终处于可部署状态，如图 4-4 所示。

（2）持续部署

持续部署是指在持续交付的基础上，由开发人员或运维人员自助向生产环境部署优质的构建版本，甚至当开发人员提交变更代码时，触发自动化部署到生产环境，如图 4-5 所示。可见，持续交付是持续部署的前提，就像持续集成是持续交付的前提一样。

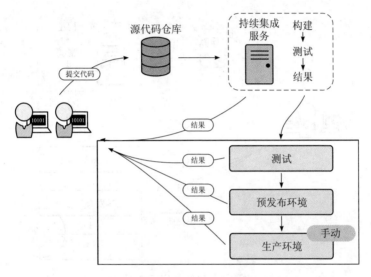

图 4-4　持续交付示意图

　　无论 CD 是持续部署还是持续交付，CI 和 CD 都是以自动化方式来代替重复、手动工作。因为这样可以降低不同阶段间等待的时间成本，降低手动操作的出错率，快速收到反馈并修改。久而久之，最终整个产品的交付周期就缩短了。如无特殊说明，本书中的 CD 都表示持续交付。

2. 测试环境

　　这里提到的测试环境，并非我们日常所说的测试环境（Test

环境），而是指产品交付过程中可以用作测试的各种环境。在产品交付的过程中，不同的环境有着不同的特性和作用，我们需要对其进行不同类型、不同对象的测试，以起到支撑活动的作用。

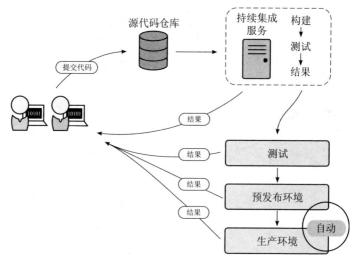

图 4-5　持续部署示意图

如上述持续部署和持续交付示意图所示，在产品交付过程中，从代码提交到发布再到生产会经历多个环境，如测试环境、预发布环境和生产环境等，这些环境在 CI 和 CD 中发挥着价值传递的作用。

例如，有一个名叫 Order 的微服务，研发人员对其进行开发后，需要先将代码提交到代码仓库，然后 CI 服务器从代码仓库中将代码拉取到 CI 服务器的特定目录中，再通过提前配置好的编译命令对该服务进行编译，并将编译结果部署到测试环境中。

如果测试环境测试通过，编译结果会被进一步部署到模拟环境中，待模拟环境测试通过后以自动或手动触发的方式被部署在生产环境中。由此可见，我们在测试环境、预发布环境和生产环境中对要发布的微服务进行构建和测试。每前进一步，该微服务就离交付更近一步，离实现业务价值也更近一步，如图 4-6 所示。

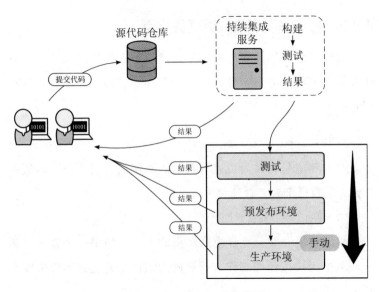

图 4-6　多环境实现价值传递

我们知道，CI 和 CD 的本质是产品价值的传递。因此，代码提交后会经历编译、部署环节，最终形成二进制包，这些软件包会流经不同的环境并被测试。可见，环境是产品交付过程中价值传递的载体。

为了快速交付产品，我们需要及时在不同环境对产品进行测试，这不仅需要各环境足够稳定，还需要在各环境中进行各种类型的自动化测试。测试通过，产品发布到线上；测试不通过，快速将结果反馈给开发人员，这样便实现了快速响应、快速反馈。这也是 CI 和 CD 的精髓。

为了更好地传递产品价值，接下来看一下产品交付过程中各环境说明和测试关注点。

4.4.2 各环境说明及其测试关注点

测试环境、预发布环境和生产环境都有独特的属性。只有通过分析其特性并确定测试人员的关注点，我们才能更好地利用它们。

1. 测试环境

测试环境是测试人员进行新功能测试的主要环境，一般由测试人员自己部署、管理和使用。

（1）测试环境特点

测试环境一般会克隆生产环境的配置，如果一个服务在测试环境中无法按预期工作，就被视为测试不通过，不能被发布到生产环境。

微服务架构下，测试环境决定了测试人员的测试效率，具体如下。

1）整个测试团队共用一套测试环境。微服务架构下，当一个服务被多个服务依赖时，如果该服务不稳定，那么其他大量服务无法被测试。如图 4-7 所示，当服务 B 不可用时，依赖服务 B 的其他服务也无法被使用。

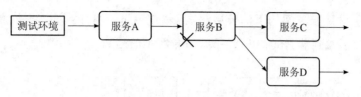

图 4-7　共用一套测试环境

2）每个测试人员有一套完整的测试环境。这种方式虽然可以解决环境依赖问题，但软件、硬件开发和维护成本高，服务器资源利用率比较低，如图 4-8 所示。比如，业务系统包含 40 个微服务，测试团队有 10 人，那么就需要 400 台服务器来管理测试环境。如今，虚拟化技术盛行，虽然可以从一定程度上降低资源成本，但维护成本依然不容忽视。

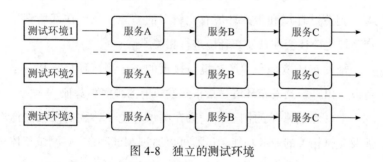

图 4-8　独立的测试环境

3）基于消息路出的控制，实现集群中部分服务的复用。像阿里巴巴的"公共基础环境 + 特性环境"，美团的"骨干链路 + 泳道链路"、有赞的"基础环境 + SC 环境"都是此方向上的有效尝试，如图 4-9 所示。

（2）测试环境中的测试关注点

测试人员将在测试环境中进行新功能测试、回归验证等，包含微服务架构下的分层测试（集成测试、组件测试、契约测试、端到端测试）以及一些非功能类型的测试。

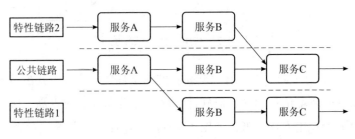

图 4-9 服务链路隔离和复用

2. 预发布环境

在测试环境中通过测试后，产品就满足了发布的要求。但考虑到测试环境和生产环境有比较多的差异，我们在部署到生产环境之前还会在预发布环境进行相关测试。

预发布环境是和生产环境最接近的一个测试环境。从名字可以看出来，预发布环境是指正式发布前的预演和验证。

举一个最常见的例子，一般在测试环境中，我们无法测试涉及支付相关的业务功能。虽然可以通过 Mock 的方式测试整体的业务流程，但依然不能确保支付功能是可用的。如果直接将支付功能发布到生产环境却发现不可用，那将是一个业务的灾难级故障。

预发布环境可以解决此类问题，这也是它需要高度仿真的缘由。预发布环境在基础环境和配置方面与生产环境一致，差别主要是服务器实例和数据存储。

❑ 服务器实例：虽然预发布环境的服务器性能与生产环境

性能基本一致，但预发布环境的服务器实例通常只有 1
个或少数几个。

❑ 数据存储：不同公司的预发布环境略有差异，比如有的公
司在预发布环境中使用的是生产环境的数据库备份，有
的公司的预发布环境使用的是与生产环境一样的数据库。

如果预发布环境使用生产环境的数据库备份，我们需要进
行不定期的数据同步，以便和生产环境的数据保持一致。

通常来讲，微服务架构下，数据库有许多库表且数据存
储量大，所以使用生产环境的数据库备份的预发布环境比较
少。如图 4-10 所示，两种预发布环境的区别在于使用数据库的
方式。

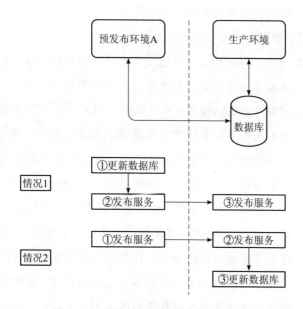

图 4-10　预发布环境连接不同的数据库

（1）预发布环境的特点

预发布环境的特点是高度仿真，数据库同生产环境的数据库一样。需要特别注意的是，对于同一条用户数据，应避免同时在预发布环境和生产环境对其进行变更。因为数据库缓存存在于这两套环境中，可能会产生数据不一致等问题，且问题难以定位和修复。

可见，预发布环境虽然很接近生产环境，但区别也很明显。

❑ 预发布环境中新功能代码为最新代码，其他功能代码和生产环境的功能代码一致；

❑ 预发布环境和生产环境的访问域名不同；

❑ 预发布环境一般是研发人员和测试人员使用，而生产环境是提供给真实用户使用的。

（2）预发布环境中的测试关注点

❑ 发布过程测试：针对的是发布环节的操作步骤，如果某次发布既需要更新数据库又需要发布服务，我们需要弄清楚这两者的操作顺序，如图 4-11 所示。先更新数据库再发布服务：先在预发布环境中更新数据库，再在预发布环境中发布服务，在生产环境中操作时一般只需要发布服务即可（数据库已经被更新）。这种情况比较常见。先发布服务再更新数据库：先在预发布环境中发布服务，再在生产环境中发布服务，再在生产环境中更新数据库。这种情况比较少见，比如原先数据库中某字段允许为空，当要把该字段设置为不允许为空时，需要先把微服务中处理该字段的代码修改为不产生空值，再对数据库进行变更，反之数据库会报错。

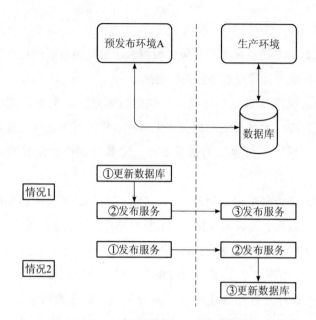

图 4-11　预发布环境中的操作顺序

❑ 回归测试：在该环境中进行回归测试时，应尽量避免造成脏数据。发布过程需要流量来验证，建议采用 UI 层面的端到端自动化测试。

❑ 特殊内容测试：一些流程或者数据没有被测试到，就可以在预发布环境进行验证，从而保证产品的质量。

3. 生产环境

生产环境是正式对外发布服务的环境，是最终用户使用的环境。

（1）生产环境特点

生产环境有其独有的特点，我们在测试过程中应特别留意以下几点。

❑ 不要随意在生产环境中做测试，尤其是可能产生脏数据或可能导致服务停用的测试。

❑ 生产环境复杂度高、存储的数据量大、服务器实例数多，大量真实用户会产生多种多样的行为，这些都可能导致不可预期的情况发生，尤其是在性能或异常场景方面。

❑ 生产环境出现问题后，无论是定位还是解决问题都需要权限，通常需要特定的人员来操作，影响工作效率。

（2）生产环境中的测试关注点

通常情况下，为了尽量避免在生产环境中出现问题，采取的方法是在预发布环境中进行充分测试。而在微服务架构下，我们应适当调整测试策略，因为在生产环境中进行相关的测试活动对产品质量提升有正向的影响。我们可以借助敏捷领域中提到的"测试右移"思想，在生产环境中进行相关质量测试。

比如，微服务发布到生产环境后，我们除了进行必要的线上回归测试（优先针对已有功能的测试进行回归，再针对本次发布的新功能进行验收）之外，还可进行其他测试，而这些测试有助于发现此前测试中不容易发现的问题，主要有如下内容。

1）线上测试：比如业务逻辑灰度发布、A/B测试等。业务逻辑灰度发布是在新发布一项业务功能时，先开放给一小部分（比如5%）用户使用，使用一段时间反响较好或未出现缺陷时再逐步开放使用比例，重复这一过程，直到向所有用户开放使用。

一般情况下，业务逻辑灰度适用于特大功能发布、重大的架构改造或容易引起用户投诉或舆情的功能发布等场景。A/B 测试主要用于产品功能或算法策略的对比，版本 A 和版本 B 分别部署在不同的服务器上并开放给不同的用户，一般适用于用户反馈或行为数据收集以辅助产品功能设计。比如对比两种营销策略对用户留存的影响、两种推荐算法策略的优劣，等等。

2）线上监控：针对生产环境进行业务和技术监控，对生产环境中的数据和日志等进行分析，旨在尽早发现质量风险、暴露问题。

4. 其他环境

除了上述这些环境，产品交付过程中可能还涉及另外几种环境，但因为其没有在 CI 和 CD 中发挥明显作用，我们只需要简单了解即可。

（1）本地环境（Local）

研发人员的本地环境主要用于本地代码开发、调试、自测等。每一个研发人员自己的计算机充当一个本地环境。

（2）研发环境（Dev）

研发环境也叫 Dev 环境，Dev 是 Development 的简写，即研发。研发环境是专门用于研发人员开发、联调的环境，服务的配置比较随意，只影响研发人员本地代码配置。该环境由研发人员使用，一般不太稳定。

（3）用户验收环境（UAT）

用户验收环境可以作为用户体验的环境。在这个环境中，我们可以收集用户的体验反馈，将出现的问题反馈到研发环境。

4.5　本章小结

本章先讲解了 CI 和 CD 的基本概念和测试环境，紧接着对交付过程中的各种运行环境进行了讲解，包括环境说明及测试关注点。

❑ 测试环境是测试人员进行新功能测试的主要环境。在这个环境中，我们针对新功能进行各种类型的测试、缺陷修复及回归测试等。

❑ 预发布环境用来进行产品正式发布前的预演和验证。在这个环境中，我们重点进行发布顺序测试、回归测试和特殊内容测试（如支付类场景）。

❑ 生产环境是真实用户使用的环境。在这个环境中，我们除了进行回归测试，还可以进行线上测试和线上监控等。

下一章将讲解微服务度量与运营。

第 5 章 *Chapter 5*

微服务度量与运营

　　管理学大师彼得·德鲁克曾说过:"如果你无法衡量它,就无法管理它。"可见,要想有效管理某事务,我们就需要对它进行全面且有效的度量,且要想针对某个方面进行改进,就需要有针对性地进行运营。

5.1　如何做好质量和效率的度量与运营

　　本节介绍如何做好质量的度量与运营,包括度量与运营的定义、质量度量体系和质量运营等内容。

5.1.1 度量与运营的定义

1. 度量

软件度量是衡量软件品质的一种手段，根本目的是为项目管理者提供有关项目的各种重要信息。其实质是根据一定规则，将数字或符号赋予系统、组件等实体，即对实体属性量化表示，以便管理者清楚地理解该实体。软件度量贯穿整个软件开发生命周期，是相关人员在软件开发过程中进行理解、预测、评估、控制和改善的重要依据。

听起来不容易理解，我们举一个简单的例子。

在软件开发中，我们经常会听到某个测试人员小 T 有这样的抱怨：开发人员小 D 的开发质量太差了。又过了一段时间，小 T 反馈说小 D 的开发质量有所提升。单看这两次主观的评价，无法评判小 D 的开发质量究竟有多差，也无法评判小 D 的开发质量是不是在变好。这是因为这里提到的"开发质量"和"有所提升"都只是小 T 的主观感受，不够客观，缺乏量化数据。

假如我们用"缺陷工时比"这个指标来度量小 D 的开发质量，则可以记录小 D 完成一个开发任务所耗费的工时数和代码设计的缺陷数，用缺陷数 / 工时数可得到缺陷工时比。观测一个周期内这个数值的变化，我们就能知道小 D 完成的每一个开发任务的质量，以及在观测周期内的变化趋势。小 D 如果想要提升开发质量，也可从具体需提升的数据，拆解出要做的具体事情。

从上面的例子中不难看出，度量的价值和意义。

❑ 使现状有客观的评判：度量可以告诉我们现状如何，或者具体问题所在。

❑ 对目标有共识：对目标有共同的认识，或者具备统一的评判标准。

❑ 使改进更聚焦和精准：质量是一个宽泛的概念，如果不能聚焦到特定的指标，我们无法做到有的放矢地工作。

2. 运营

运营通常着眼于软件产品的全生命周期，以某一内容为核心，以数据为驱动，通过一系列良性循环干预动作，最终提升该内容的某项或多项指标。

比如，产品运营是通过一系列人为干预动作来提升产品各维度的指标数据；内容运营是通过人为干预动作使内容从生产、加工、互动、消费直至输出形成良性循环；用户运营是通过人为干预动作使产品和用户产生联系，从拉新、留存、促活直到商业变现形成良性闭环；活动运营是针对某一活动进行策划、执行、评估、改进的全过程项目管理。

可见，运营的本质是发现问题、拆解问题、解决问题的过程，强调人为干预动作，需要形成 PDCA 循环。

本节"度量与运营"中的"运营"是通过数据驱动提高质量、效率、价值等多方面的度量指标数据，最终实现业务价值。

质量是测试团队和测试人员的第一要务，因此，我们来看一下质量度量体系和质量运营。

5.1.2　质量度量体系

度量的价值和意义是明确的，但如果度量体系比较单一，则有可能达不到目的。因此，质量度量体系应尽可能全面。

1. 质量度量的核心指标

我们知道，质量保障的目标是使生产环境中的产品没有故障和缺陷。最终交付给真实用户的产品质量，称为交付质量。那么，对于质量度量，我们是不是只关注交付质量指标就足够了？答案显然是否定的。因为如果只关注交付质量，往往达不到提升交付质量的目的。比如，你每天关注线上交付质量，一段时间过后，发现生产环境的故障数和缺陷数未减少，这时候你甚至不知道根因在哪里，应该如何改进，现有的工作哪些要继续保持或放弃，等等。

这是因为交付质量是滞后性指标，当你知道它时，它已经发生了。要想避免此类情况发生，我们还需要多关注引领性指标。下面用日常生活中的减肥场景来说明。有过减肥经历的人应该知道，减肥过程中，你通常会特别关注体重，时不时地去称体重。观察一段时间后，你发现效果不好，渐渐放弃了后续的坚持。减肥计划再一次泡汤。在这里，体重就是一个滞后性指标，当你知道体重时，之前做的减肥动作都已经发生，不能再改变。而减肥过程中，卡路里的摄入量和能量的消耗量则属于引领性指标。（引领性指标通常具有两个特点：预见性和可控性。）很显然，每天摄入的卡路里量 – 消耗的能量 = 每天最终摄入的能量。只有保持这个数值在一段时间里是负数，减肥才有可能成功。

滞后性指标只能告诉你目标是否达成，不会告诉你怎样达成这个目标（即过程）。而引领性指标对结果可预见，对过程可控制。所以，在软件交付过程中，我们要从关注滞后性指标改为关注引领性指标。交付过程中的过程质量是引领性指标。按照交付阶段划分，产品交付过程分为需求阶段、开发阶段、测试阶段、发布阶段，因此质量度量可以进一步细分为几个维度，如表 5-1 所示。

表 5-1　质量维度及其度量含义

质量维度	度量含义
交付质量	度量最后交付给真实用户的产品的质量，也叫线上质量
需求质量	度量需求的质量，一般是需求规划和 PRD 内容质量
开发质量	度量开发过程的质量
测试质量	度量测试过程的质量
发布质量	度量发布过程的质量

（1）交付质量

对于微服务来说，线上质量可以通过多个指标维度来度量，如表 5-2 所示。

表 5-2　交付质量指标维度及其释义

指标维度	释义
线上故障	度量线上微服务发生的故障情况，常见指标有线上故障数、故障级别、线上故障恢复时长、线上缺陷数
服务稳定性	度量线上服务的稳定性，常见指标有服务可用性、错误类型分布、错误数量、错误率、报警数等
服务可用性	度量线上服务的性能，常见指标有接口响应时间、最大 QPS 等
服务安全性	度量微服务的安全性，常见指标为安全漏洞数

从表 5-2 的指标维度不难看出，保障交付质量要努力减少线上故障和线上缺陷，降低故障级别。微服务架构下线上故障不可避免，那么就需要最大限度地降低线上故障的影响，比如减少线上故障的恢复时长，减少对生产环境中真实用户的影响等。

（2）需求质量

在产品交付过程中，需求的规划和评审是起点，需求质量会间接影响代码质量和测试质量。需求质量通常有两层理解：第一层是需求所涉及的研发项目的质量，这种理解比较接近整个需求开发的过程质量；第二层是该需求所对应的 PRD 的规划质量和内容质量，这里指的是第二种。

需求质量可以用如下指标来衡量，如表 5-3 所示。

表 5-3 需求质量指标及其释义

指标	释义
需求评审打回次数	在评审单个需求时发现了多个逻辑不通问题，视为当次评审无效，需要重新发起评审。通过需求评审打回次数，我们可以度量某需求的质量
需求变更次数	度量需求评审通过之后的变更情况，尤其是会影响到研发工作量的变更。变更通常是因为发现了未预料到的风险或逻辑问题
需求插入次数	度量需求规划的合理性。经常插入需求说明需求规划不合理，需要变更项目排期，给项目带来较多不确定性和风险
需求质量Bug 数	需求中除了有逻辑问题外，还会有质量的规范或标准问题，比如： 一句话需求（即需求无详细描述，只有一句粗略的表述）； 表述为"同线上逻辑"（既不具体说明逻辑，也没有相应的PRD 链接）

一般来说，需求质量 Bug 数占总 Bug 数的 5% 左右。需求

评审打回的标准需要多方达成共识才容易落地，比如可以是发现 5 个逻辑类问题。需求评审打回、需求变更、需求插入等对软件过程的健康度和质量有较大危害，建议制定相对严苛的流程规范，并结合质量运营手段减少此类情况的发生。比如需求评审不通过时，需求文档的作者需要向相关人员发送重新评审的申请邮件，并针对当次打回情况做改进分析。

（3）开发质量

我们在工作中经常会反馈开发质量差的问题，但是有多差、差在哪里，又很难说清楚。常见的开发质量指标如表 5-4 所示。

表 5-4　开发质量指标及其释义

指标	释义
提测质量	开发人员针对某个需求提交的测试结果，一般用冒烟用例执行通过数 / 总冒烟用例数来表示。比如 1/10 表示 10 条冒烟用例只执行通过 1 条
代码质量	有两个常见指标：千行代码 Bug 率和 Bug 工时比。通常情况下，千行代码 Bug 率更适于服务端开发人员使用，一般不应该超过 0.2‰；Bug 工时比则更适于前端开发人员使用，如果单位是个 / 人日的话，一般不应超过 0.6

一般情况下，提测质量值等于 1 才符合预期，因为只要有 1 条冒烟用例执行不通过，则可以进行提测打回。你可能会好奇，既然有 1 条冒烟用例执行不通过就提测打回，是不是就不用执行后续用例了，直接记录提测打回数为 1 不是更好吗？这是因为即使提测打回，提测质量值是 1/15 还是 13/15，还是有很大区别的，这也是为了后续能更好地进行质量分析和运营。

（4）测试质量

常见的测试质量指标及其释义如表 5-5 所示。

表 5-5　测试质量指标及其释义

指标	释义
测试覆盖率	在一定程度上反映测试过程中的测试覆盖度，比如各种类型测试（功能测试、单元测试、接口级自动化测试等）的覆盖率
有效 Bug 率	度量测试效果的有效性，计算公式为线下有效 Bug 数 / 线下总 Bug 数，建议有效 Bug 率大于等于 95%
整体漏测率	度量测试效果，一般应低于 3%
Bug 收敛情况	度量一个需求测试过程中，Bug 的新增趋势是否为收敛

（5）发布质量

发布环节直接在线上环境操作，是非常关键的。常见的发布质量指标及其释义如表 5-6 所示。

表 5-6　发布质量指标及其释义

指标	释义
构建失败率	在一个特定的时间段内，产品构建失败次数占产品总构建次数的比率，反映了产品构建的质量
发布回滚率	服务发布后产生发布回滚次数的比率
非发布时间发布次数	指不同的业务有着不同的高峰时间段，比如对于外卖业务，服务发布时间应该尽可能避开早、中、晚餐时间。如果没有合理的原因，又没有避开业务高峰期，我们可以将其记录为一次非发布时间发布

通常情况下，构建失败率和发布回滚率应该控制在 1% 以内，所以每一次发布失败和发布回滚都值得深入分析。非发布时间发布很容易造成线上故障，且由于处于业务高峰时段，出现故障时容易产生雪崩效应，造成的业务影响难以估量，因而我们应杜绝非发布时间发布线上服务。

2. 质量度量的认知

在质量度量过程中，笔者也走过不少弯路，踩了坑，产生了一些经验和认知。

1）质量度量指标一定要符合 SMART 原则，否则它充其量是一个愿景，不可落地。SMART 原则构成如下。

❑ 指标必须是具体的（Specific）；

❑ 指标必须是可以衡量的（Measurable）；

❑ 指标必须是可以达到的（Attainable）；

❑ 指标要与目标具有一定相关性（Relevant）；

❑ 指标必须具有明确的截止期限（Time-bound）。

2）质量度量是质量现状的镜子，要想改变现状，首先要接受现状。

3）追求单一或局部指标的提升比较容易，但很容易产生扭曲行为。构建指标体系并整体提升才是正确的路。比如，想通过在不增加 Bug 数量的前提下，稀释代码来降低千行代码 Bug 率，没有任何意义，自欺欺人罢了。

4）要与相关方达成共识，确定度量指标。质量不是测试团队自己的事情，需要产品研发相关方共同努力。

另外，《精益软件度量》提到：度量是把双刃剑，具有极强的引导性。度量指标会激励团队重视并改善能够度量的元素，也会导致团队忽视无法度量的元素，使得问题进一步恶化。

5.1.3 质量运营

质量运营是基于质量痛点进行分析，找到可能的解决方案，制定规划并推进，进行阶段性复盘和改进。

我们之前讲过 PDCA，它是把质量运营工作分为制订改进计划、实施落地计划、复盘和反馈、改进和推广 4 个步骤。下面介绍如何利用 PDCA 进行质量运营。

1. 利用 PDCA 进行质量运营

（1）P（Plan）：制订改进计划

质量改进计划的制订是质量改进过程的第一步，也是最为关键的一步。我们可以按照如下思路制订改进计划。

❑ 以质量痛点驱动：针对日常研发过程中出现的质量痛点问题进行复盘，分析问题所在，制定出可落地的改进方案，利用质量度量体系评估改进效果，从而闭环质量改进过程。

❑ 以质量目标驱动：从组织管理视角确定总体质量目标，进而拆解出各个团队在各项度量指标上的合理目标值；在日常研发过程中收集各项指标数据，针对未达成目标的团队进行定向管理，从而制定出可落地的改进方案。

通常来说，在业务初创期或成长期，质量保障建设薄弱，质量痛点问题多，质量目标难以确定，这时以质量痛点驱动为主。随着业务逐渐成熟和稳定，质量在业务中的重要性更为凸显，质量目标越来越高，这时以质量目标驱动为主，以质量痛点驱动为辅。

（2）D（Do）：实施落地计划

无论采取怎样的质量改进思路，质量运营都是一个持续选代的过程。质量运营类型不同，目的和关注点也有较多不同，具体如表 5-7 所示。

表 5-7　质量运营

运营类型	运营目的和关注点
日常运营	关注日常研发过程质量，保障日常研发过程的健康度，重点关注日常每一个需求的过程质量指标
短期突击	针对共性痛点问题（比如核心系统的监控告警缺失、需求打回次数多）进行专项运营
长期攻坚	针对长期累积的技术债务进行长期治理，比如架构或系统设计不合理导致的故障

有了质量度量体系，我们还需要针对这些指标所对应的数据进行收集和聚合，这就需要在产品研发的关键环节进行埋点，对关键过程数据和结果数据进行存储。因此，建议利用成熟的项目过程管理工具，如 JIRA、TAPD 等。随着度量指标的丰富，我们可能还需要进行二次开发或者自建平台。

（3）C（Check）：复盘和反馈

复盘是质量运营中非常关键的环节，起到了承前启后的作用。它的最常应用场景是各种书面总结报告或总结会议，能最大限度地实现效果触达，同时提升相关团队的质量意识和认知。报告通常有测试报告、质量周报、质量月报等形式。会议通常有周会、月会、季度总结、半年总结、大型项目复盘会等。

（4）A（Action）：改进和推广

基于前面的步骤，我们知道质量运营计划和改善策略是否有效，如果有效，则进行推广，反哺到日常研发过程中，尽量形成平台能力或可落地的规范。比如，经过一段时间的质量度量与运营，当各团队的 Bug 工时比都小于 0.6 时，我们可以和相关方协商，将标准定到 0.4。如果改善未达到预期或完全无效，则进一步分析原因，从而优化落地计划。

2. 质量运营的认知

在这里，笔者分享自己一些质量运营的认知。

很多测试团队所做的质量运营止步于晒数据，而事实上最重要的是基于数据进行分析，帮助相关方做质量改进，同时跟进并反馈效果。

质量运营需要多个团队配合，应循序渐进，不可轻易用向上管理的激进方式。首先，采用向上管理的方式容易使团队之间产生对立情绪，影响日常协作。其次，以笔者多年的经验，没有哪个团队不重视质量，只是有时候它们在质量改进方面并不是足够专业，这时需要测试人员扮演老师和教练的角色，带领他们一起分析、改进和提升。

5.2　效率和价值

上一节讲解了产品交付过程中的质量度量与运营。无论运营什么内容，其思路、流程都是适用的。那么，如何度量与运营效率和价值呢？本节主要讲解效率度量、效率痛点分析、价值度量和价值闭环运营等内容。

5.2.1　效率度量

通俗地说，效率是指单位时间完成的工作量。在软件业务领域，效率高意味着业务流程顺畅、体验好、用户等待时间短。比如，京东的"多快好省"，美团的"美团外卖，送啥都快"，等等。在软件交付过程中，效率指的是产品的交付效率，而交付效率高意味着产品研发团队能够尽可能快地把事情做对，这可以极大地缩短产品交付周期。

要想看清楚交付效率的现状，有针对性地提高交付效率，我们就需要对交付效率进行度量。与质量不同的是，效率比较难以度量，它不像质量一样有多维度指标和相对确定的目标。另外，效率是一个相对概念，不能只看某团队是不是达到了某个标准值，而是要与其他团队协同配合，实现整体的效率提升，突破团队的效率瓶颈。

1. 效率度量指标

因为交付效率有非常强的相对属性，所以，度量某一个团队或阶段的效率似乎没有太大意义，投入产出比很低，不如采用相对的方式查看不同团队或阶段的相对效率。我们可以通过如下指标进行效率度量。

（1）交付周期比、工时比

交付周期指从想法提出到产品发布的时间跨度，按阶段划分可以分为需求规划阶段、开发阶段、测试阶段等。通常，我们使用支付周期比、工时比两个指标来度量效率。其中，交付周期比是指交付周期中各阶段实际时间跨度（排除节假日）的比值，工时比是指交付周期中各阶段实际投入工时的比值，工时一般以 PD（Person Day，人日）为工作量单位。

如图 5-1 所示，在需求规划阶段，从提出想法、产出需求文档到完成需求评审共 10 天，共投入 15 PD。随后，研发人员开始进行技术设计、评审、编码、联调、自测等环节，共 15 天，共投入 60 PD。与此同时，测试人员开始进行测试设计，投入 2 PD。研发人员提交测试后，测试人员开始测试，共 5 天，总投入 10 PD。需要特别注意的是，测试设计的周期是 0，这是因为测试设计在开发阶段内。从交付视角看，测试设计并没有占用额外的时间。

所以，对于这个需求来说，3 个阶段的总周期是 30 天，工时投入是 87 PD。从周期维度看，需求规划阶段、开发阶段、测试阶段的交付周期比为 10∶15∶5；从工时比维度看，需求规划阶段、开发阶段、测试阶段的工时比为 15∶60∶12。

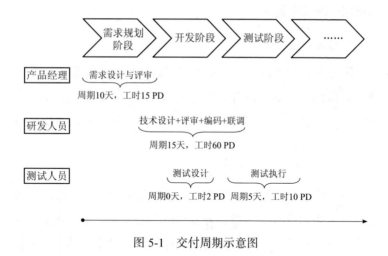

图 5-1　交付周期示意图

通过上面的数据可以知道，如果每个阶段只有 1 人投入项目，该阶段的周期数应等于工时数。周期数大于工时数，意味着在项目交付过程中有挂起或等待的情况发生。工时数大于周期数，意味着利用周期内的节假日进行了赶工。无论等待还是加班，都属于非正常情况，需要深入分析，使项目交付过程正常。同样，每个阶段有多人投入的情况也是如此，只不过涉及多人时，需要弄清楚在每个阶段，多个人是如何参与和协同的，分析复杂度也将有所提高。

上面是单个需求的基础效率数据，我们可以按上述逻辑记录和收集其他数据，然后聚合分析，得出整体的效率。通常来说，研发团队和测试团队更关注开发阶段和测试阶段的交付周期比和工时比。测试团队一般会以此来确定测试效率指标（先盘点清楚当前的开发测试工时比（比如 $3.5:1$），再在该基础上提高要求（比如 $4:1$ 或 $4.5:1$））。

如果你想查看大量需求的效率数据，累积流量图更为直观。我们按天统计各个需求的状态，并绘制出来，即可形成累积流量图（横轴：时间，纵轴：需求数量）。

累积流量图由精益思想的创始人 Don Reinertsen 和 David Anderson 引入，是一个综合的价值流度量方法，是追踪和预测敏捷项目的重要工具。它从不同方面（总范围、进行中和已完成的）描述工作。我们可以通过它得到不同维度的信息，快速识别交付存在的风险以及瓶颈。

如图 5-2 所示，实线代表在不同时间点，需求评审完成后进入开发阶段的需求个数；单点划线代表在不同时间点，开发人员提交给测试人员进行测试的需求个数；双点划线代表测试人员完成测试后，等待发布到生产环境的需求个数。在同一时刻，实线和单点划线的差值表示待开发任务的堆积量，单点划线和双点划线的差值表示待测试任务的堆积量，反映了交付过程中开发和测试瓶颈。

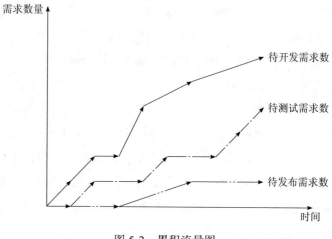

图 5-2　累积流量图

（2）吞吐率

吞吐率是单个阶段的效率衡量，表示单位时间内，团队能够交付多少产出。产出这个词听起来比较虚，软件产品交付不是计件工作制，因此很难完全标准化，建议通过多个指标进行度量。比如开发人员可以同时使用代码行数、实现功能点数、需求数等多个指标来度量产出。因为产品交付过程是以需求为单位进行价值传递的，所以我们可以在各个阶段以需求个数为度量单位，并且拉长周期来统计吞吐率。

2.效率痛点分析

虽然交付效率是多个部门协同提高的，但在产品交付过程中，测试团队最容易被吐槽存在效率问题，常见的说辞有"测试效率不高""测试人力不足""测试资源阻塞"等。

为什么总是测试人员被吐槽存在效率问题呢？原因主要有

两点：一是测试是交付前的最后一环，原因常常就近找，因此更容易被吐槽；二是测试人力不足或效率不高的确存在，但很可能不是根本原因。

在进行根本原因分析时，我们需要使用 5 Why 分析法。

5 Why 分析法，又称"5 问法"，也就是对一个问题点连续以 5 个"为什么"自问，以追究其根本原因。虽为 5 个"为什么"，但使用时不限定只做"5 次探讨"，而是找到根本原因为止。

5 Why 分析法的关键所在：鼓励解决问题的人努力避开主观假设和逻辑陷阱，从结果着手，沿着因果关系链条，顺藤摸瓜，直至找出问题的根本原因。

经典案例：丰田汽车公司前副社长大野耐一曾使用 5 Why 分析法找出停机的根本原因。

问题一：为什么机器停了？

答案一：因为机器超载，保险丝烧断了。

问题二：为什么机器会超载？

答案二：因为轴承的润滑不足。

问题三：为什么轴承会润滑不足？

答案三：因为润滑泵失灵了。

问题四：为什么润滑泵会失灵？

答案四：因为它的轮轴耗损了。

问题五：为什么润滑泵的轮轴会耗损？

答案五：因为杂质跑到里面了。

经过 5 次连续发问，丰田找到了问题的根本原因和解决方法。如果没有这种刨根问底的精神，他们很可能只是换保险丝，真正的问题还是没有解决。

对于测试资源不足、测试效率不高这样的反馈，笔者给出如下分析方法。

（1）了解人数比例概况

测试团队的人数通常比产品团队和研发团队的人数少很多，比如很多公司的开发团队和测试团队的人数比为 8：1 甚至10：1。当测试人员数量极少时，效率很难提高，因为一个人兼顾太多，很难面面俱到，切换成本非常高。

（2）分析测试团队自身效率

对于测试团队自身效率，我们可以从测试团队、测试个人和项目组视角来分析。

1）测试团队视角：主要查看团队人数、分工、基础建设和团队吞吐率等，如表 5-8 所示。

表 5-8　团队效率关注点

关注点	关注详情
人数	测试团队的满编情况
分工	测试团队是如何进行分工和协同的
基础建设	测试环境、数据构造成本、不可测试内容等
团队吞吐率	工时比、交付周期比等数据

2）测试个人视角：主要查看测试人员本身的问题，如表 5-9 所示。

表 5-9　个人效率关注点

关注点	关注详情
个人能力	个人能力有哪些短板，在具体项目中暴露了哪些效率问题

（续）

关注点	关注详情
工作投入度	个人的工作时长
工作效率及投入产出比	非项目时间的占用，比如开会、问题排查等；测试结果是否符合预期，比如测试用例执行情况、发现的缺陷数、自动化用例的沉淀情况等

3）项目组视角：扩大关注点到产品交付过程，如表 5-10 所示。

表 5-10　项目组效率关注点

关注点	关注详情
需求规划阶段	需求是否有绝对优先级的区分，是否被紧急插入，是否采用临时方案来实现
开发阶段	提测质量是否较差，测试过程中的 Bug 数是否比较多，千行代码 Bug 率、工时比、Bug 修复效率，Bug 提交趋势是否逐渐收敛

这里说一下笔者的经历，笔者分析过比较多的反馈测试人力不足事例，最后发现根本问题有两个：一是测试人员的效率的确可以再提升，二是项目规划时没有合理估量测试时间。当然，每个项目和团队的问题总是千差万别的，我们应建立分析框架，遇到问题多维度分析，以不变应万变。

5.2.2　价值度量与运营

无论保障质量还是提高交付效率，都是在产品交付这个维度上。那么，如何确保产品本身是正确的呢？产品本身传递了正确的价值，这就需要对价值进行度量。

1. 价值度量指标

需求评审时，我们通常会表述需求的背景、要实现怎样的效果，但如果没有对价值进行度量，需求文档中的这部分内容很容易一带而过。说不清楚预期结果，没有衡量指标，产品上线后也就难以复盘，最后变成一盘糊涂账，只通过需求迭代传递着说不清楚的价值。无论产品形态是怎样的，产品价值体现不外乎是业务层面和技术层面，如图 5-3 所示。

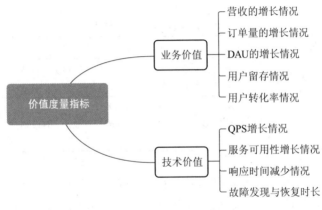

图 5-3　价值度量指标

这些指标不难理解，这里不再赘述具体含义。

2. 价值闭环运营

有了价值度量指标，如何把价值度量闭环运营起来？说起来也简单，只需要在需求评审的准入条件中加入价值度量环节，需求发布后跟进并复盘需求的价值达成情况即可。

价值度量包括如下几部分内容。

❑ 预期目标：当前需求实现了怎样的价值，业务价值和技术价值度量的指标都有哪些，预期产生怎样的变化。

❑ 度量周期：当前需求上线后，需要多久才能进行价值度量，比如半个月或一个月。一般来说，如果度量周期超过一个月，我们还需要说明度量周期久的原因。

❑ 收益获取方式：即度量价值的数据的获取方式，如果是新功能，通常还需要进行专门的埋点；如果是已有功能，应提前调研需求收集的可行性，避免出现无法获取数据而无法评估价值的情况。

需求上线后，根据预先设定的度量周期进行项目复盘，记录该需求的价值度量结果（一般包括高于预期、低于预期和符合预期）。低于预期时，我们还需要进一步分析原因，制订改进计划。整个复盘结果要沉淀下来，与需求进行关联，作为以后需求设计的重要参考。

产品交付过程是一个脑力密集型过程。为了保质、高效地传递价值，我们需要不断搭建基础技术建设、开发或引入各类工具、迭代产品交付流程，等等。但这些事项都只是做好产品交付的必要条件，绝非充分条件。

从成本视角看，一个问题发现得越晚，修复的成本则呈几何倍数增加。因此，我们必须用精益质量的思想指导产品交付过程。从责任分配视角看，需求、开发、测试 3 个阶段和角色具有一定的独立性，各自为交付成果负责。从最终交付视角看，共同努力的成果会作为整体最终交付给用户，我们必须以整体思维来看待产品研发组织和产品研发过程。

5.3 组织保障：质量是设计出来的

质量保障是每个测试团队的天职，但是单靠测试人员无法保障产品质量。产品质量保障离不开组织中每个参与部门的努力，因此在组织中建立质量文化至关重要。本节主要讲解质量保障体系中的组织保障。

5.3.1 协同方角色

我们在之前章节提到，产品研发是为业务服务的。业务流程分为 3 个阶段：产品研发阶段、日常运营和运维阶段、售后服务阶段。这三个阶段涉及许多协同方角色，包含但不限于产品经理、研发人员、质量保障人员、客服人员、SRE、业务运营人员、法务人员、商务人员、财务人员等。

下面讲解各业务阶段中与质量保障打交道最多的角色，如表 5-11 所示。

表 5-11 各业务阶段与质量保障打交道最多的角色

业务阶段	主要协同方角色
产品研发阶段	PM（产品经理）、研发人员、质量保障人员
日常运营 / 运维阶段	SRE（网站可靠性工程师）
售后阶段	客服人员

1. 产品经理

通常来说，需求分为业务需求和技术需求。业务需求由产品经理负责，技术需求由研发人员负责，技术需求占比较少，一般不超过 30%，所以产品经理是主要的需求负责方。

（1）角色职责

产品经理主要工作职责如下。

❑ 需求撰写：负责某个业务或项目的功能、结构设计与PRD（需求文档）的撰写。

❑ 项目管理：与研发团队、业务运营团队沟通，完成产品的规划，保障产品实施阶段的进度与质量。

❑ 分析与改进：对线上产品进行监控和分析，并持续改进产品；对竞品进行持续的追踪、分析，对产品进行完善。

归结为一句话就是，产品经理主要负责对需求进行分析、编写需求文档、组织需求文档的评审、协调项目资源、对交付结果进行验收等工作。

（2）常见问题

在协作过程中，产品经理经常遇到的问题包括需求质量差、临时需求多、倒排期需求多。

（3）对策

需求文档是产品经理日常最重要的输出，在产品交付过程中使用频率极高。需求文档用于需求实现前描述需求的实现思路（实现过程中按需求文档进行技术设计、研发、测试设计、测试执行），便于需求上线后的复盘总结。因此，提升需求文档的质量有助于保障需求质量，提高研发效率，降低质量成本。我们可以通过事前、事中、事后 3 个阶段来解决上述问题。

❑ 需求评审前：需求文档需要在需求评审的前两天发出来，以便相关方提前阅读并提出问题；针对需求文档中不合理的地方提出的问题，务必以书面形式记录下来；需求评审前，产品经理需要与主要开发人员进行沟通，确保需求文档中的方案可行。

❑ 需求评审中：需求评审过程中不针对细节进行讲解和探讨，评审时间应控制在 1 小时以内；需求评审时相关参与方应尽可能都在场，避免因为信息不对称引发其他问题。需求评审过程中发现的问题，同样需要以书面形式记录下来。

❑ 需求评审后：针对参与方提出的需求问题进行修改，产品经理修改完成后，形成需求文档终稿；在此之后，需求文档的修改视为需求变更，需要申请变更。

上述对策可以逐步形成规范，未按规范执行的部分需要定期复盘，以便及时纠正不规范行为。

临时需求多、倒排期需求多属于需求规划类问题。建议定期与产品经理针对项目规划进行沟通，了解其阶段性规划（季度和月度），重点项目的预期上线时间点，在合理范围内引导产品经理均匀排期需求，避免出现一段时间忙、一段时间闲的情况。

2. 研发人员

（1）角色职责

研发人员就是我们通常所说的程序员或研发工程师，在一些公司也叫 RD（Research & Development engineer），主要负责某系统或平台的开发和维护，使其性能、稳定性满足业务要求。具体到需求层面，研发人员负责编写技术设计方案、编码（包括

与协同方联调和自测），最终把交付物提交给测试人员进行测试，
待测试完成后再把交付物发布到线上环境。

（2）常见问题

研发涉及多个方向的需求或项目时，比较容易出现各种各
样的问题，比如多方需求理解不一致、项目排期未对齐、技
术方案实现有误、因依赖服务问题阻塞测试，等等。上述这
些问题出现的主要原因是，各方向的产品研发、测试等人员
都只明确负责所在方向的交付内容，对于需求关联处和需要
协同的部分看似都负责，实际上多人同时负责等同于没有人
负责。

（3）对策

对于这种情况，我们比较推荐的做法是借鉴 RASCI 工具的
思想，比如，有且仅有一个人为整个项目的完成负责时，在各
子方向的产品经理、研发人员、测试人员中推选一个主 R，职责
是横向主导项目。在整个项目过程中，分职能主 R 向项目主 R
虚线汇报。

RASCI 是一套用来确定责任的表格，具体如下。

❑ R（Responsible）：对项目或者任务的完成负责的人。

❑ A（Accountable）：批准项目关键决策的人。

❑ S（Support）：为项目完成提供资源的人。

❑ C（Consulted）：为项目提供数据或者信息的人。

❑ I（Informed）：了解项目相关情况的人。

该工具可以帮助减少责任重叠。表 5-12 为相应的 RASCI
矩阵。

表 5-12 RASCI 矩阵

	PM 总监	项目 主 R	PM 主 R	RD 主 R	QA 主 R	分方向 PM	分方向 RD	分方向 QA
整个项目 的完成	A	R	S	S	S	S	S	S
整体项目 PM 侧的 协同		A	R			S		
整体项目 RD 侧的 协同		A		R			S	
整体项目 QA 侧的 协同		A			R			S

3. 质量保障人员

（1）角色职责

质量保障人员（Quality Assurance，QA）通俗表达为测试人员，在不同公司或项目的角色设置上有所区别。比如，有的公司只有 QA 一种角色，有的公司把 QA 和 QC（Quality Control，质量控制）分开。笔者听过最极端的情况是在一个对日外包的项目中，执行用例、提交 Bug、维护用例、编写用例、设计测试计划的测试人员是相互独立的，这些人共同保障所在项目的质量。

一般来说，QA 的工作涉及产品研发整个流程，且涉及每一位参与研发的人员（包括但不限于 PM、各种开发人员、测试人员、UE、UI、运营人员、客服人员、SRE 等），但专职的质量保障工作不太涉及具体的软件研发细节，比较偏向于保障全流程质量。QC 的工作侧重于具体的测试活动，利用各种方法去检查某个功能是否满足业务需求。

（2）常见问题

产品交付过程中涉及各种各样的规范，但总有 QA 在执行的时候打折扣。比如，明确规定了"冒烟用例只要有 1 条执行不通过，则认定提测失败，需要重新提测"，但依然有 QA 遇到此类情况时，按照提测通过处理。再比如，规定了"PM 需要在产品功能上线前完成功能验收，否则可以拒绝该需求上线"，但依然有 QA 抱着侥幸心理，默许需求上线。

偶尔一两次不严格执行规范，不一定会导致线上问题或故障发生，但这种行为的隐患太大。因为它会让协同方对流程规范缺少敬畏感，不利于其他规范的落地。而且虽然表面上你的网开一面让协同方更便捷了，但他们心里会认为这个 QA 不靠谱。

针对这类情况，我们需要分析未按规范执行的根本原因。通常来说，不遵守规范的情况分两种。

❑ 需要推动别人做事，心理负担比较大。

❑ 为了避免麻烦，当出现不符合预期的情况时，按规范执行通常需要完成额外的工作，比如重新提测和验收、频繁宣导规范，等等。

无论属于哪种情况，不按规范执行都是不提倡的行为，应予以批评和指正，如果情节严重需要在团队内部进行通报。当然，不同的情况应对措施不同。

（3）对策

❑ 针对情况一，需要给相关 QA 人员进行规范的宣导和心理建设。规范是保障质量的必要手段，严格执行规范是在降低线上风险，本质上是在帮助协同方，不应该也没必要存在心理负担。

❑ 针对情况二，一方面需要宣导规范在效率提升方面的意义（单独一个用例，规范也许会降低效率，但长远看，规范能确保事情正确地发生，既保质又提效，且规范可以传承，反复使用）；另一方面可以看一下非预期情况下，QA 额外付出的成本是否有降低的空间。

戴明管理十四条原则第 3 条

停止依靠大规模检查去获得质量，因为靠检查去提高质量太晚了，无效且成本高。质量保障不是依赖检查，而是依赖植入源头、改进系统过程。检查、扔弃、降级、返工不是改进系统过程的正确方法。当质量不到位时，检查总比不检查好，而检查也可能是唯一可用的方法，但损失已造成，有的无法弥补，有的可以返工但仍会增加开支。

1）检查所带来的效果是非常有限的。

2）奖励检查人员多发现缺陷并不一定是好事。

3）检查要统一标准，责任要明确到个人。

一个测试团队从只做测试转型到做质量保障，跨度还是比较大的，是一个系统工程。篇幅所限，这里不展开讨论。

4. 网站可靠性工程师

（1）角色职责

网站可靠性工程师（Site Reliability Engineer，SRE）职责范

围差别很多, 大体有如下几种类型。

- ❑ 自动化运维平台的设计、开发、维护和优化;
- ❑ 应用系统的日常维护, 确保其稳定、可靠、高效运行;
- ❑ 持续进行线上各种数据的运营, 找到系统薄弱点, 落地改进项目;
- ❑ 积累运维最佳实践, 输出运维技术文档。

（2）常见问题

SRE 一般是公司级的技术部门, 在基础技术和架构方面的视野较广, 且在服务可用性指标、线上历史故障、服务资源利用率、监控体系方面有比较丰富的经验, 但对业务逻辑的理解偏少, 不利于充分发挥自身的技术优势。

（3）对策

测试人员和 SRE 可以相互弥补。测试团队一般是业务级的技术部门, 对当前业务的认识和理解较为深刻, 在需求、研发等交付前过程中发挥着非常重要的作用。因此, 测试人员可以与 SRE 密切配合, 做好各类数据的运营和最佳实践的输出和宣导, 共同为服务保障做出贡献。

5. 客服人员

（1）角色职责

客服人员的主要工作如下。

- ❑ 通过各类媒体渠道（客服热线、邮件、产品反馈入口等）受理用户的咨询、投诉反馈。
- ❑ 倾听并快速理解客户的问题, 有效缓和客户投诉情绪, 提供暖心服务, 提高客户满意度。

❑ 负责客户心声的收集与传递，进行数据分析，根据客户
痛点推动服务流程、产品功能或 Bug 解决方案的优化。

❑ 对产品有足够了解，善于沟通，熟悉产品各种功能。

（2）常见问题

客服人员比较容易出现的问题是他们一般充当着传话筒的
角色，有很多问题流转给了产研侧，对产品功能不熟悉、不具
有问题排查能力等。

（3）对策

我们可以通过以下方法来解决上述问题。

❑ 针对产品功能不熟悉问题，当有新功能上线时，提前同
步给客服人员进行学习和熟悉，并针对可能产生客诉的
地方进行预演和话术应对。由于客服人员的流动性比较
强，我们应将产品功能操作及相关话术沉淀下来，并定
期进行培训。

❑ 针对不具有问题排查能力问题，提供给客服人员对基
本功能运用或问题排查步骤，或者提供一些工具供其使
用。这方面做得比较好的当属移动、电信这样的运营
商，有问必答，基本能当场解决问题。

5.3.2 质量文化建设

1. 什么是质量文化

文化是组织成员表现出来的共同的信念、价值观、态度、
制度和行为模式。那么，质量文化就是成员在质量方面表现出
来的共同的价值观、态度和信念。文化不是纸上写了什么，喊

了什么口号，而是大家信仰什么。

2. 为什么需要建立质量文化

可能你会问，已经有了质量保障体系，为什么还要推行质量文化建设？因为在大多数质量保障体系推行过程中，我们更多关注的是可见的质量标准、要求、操作程序等，这些内容给人的感觉是"组织要求我做好质量"，忽略了不可见的质量意识，而质量文化给人的感觉是"我要为组织做好质量保障"，是主动的、自发的。

当然，质量文化是建立在质量保障体系之上的。没有完善的质量保障体系做基础，没有相应的质量标准和流程的约束是无法推行质量文化的。

3. 如何推行质量文化

推行质量文化主要涉及以下几个方法。

1）领导重视：这是非常关键的一点，但通常被忽略。因为大家会默认高层管理者肯定对质量重视，但要注意的是，这里的领导重视是领导层要意识到文化变革的必要性，意识到领导层的一言一行会影响员工对质量的态度，进而影响员工的日常行为。因此，在这一点上，领导、业务负责人和各中层管理者必须达成共识，要起模范和支持的作用。

2）激励制度：质量文化开展需要所在业务的全体成员共同参与，特别是一线成员。激励制度是根据制度对为产品或服务质量做出有益行为的人员进行激励，如对提出质量改进建议、单元测试覆盖率和稳定性达到一定标准等相关人员进行物质奖励并颁发证书。

3）文化触达：一方面在某些会议场合宣导质量文化相关建设，另一方面针对在质量方面的最佳实例和最差实例进行信息触达，比如内刊推文、阶段性的质量报告等。

5.4　本章小结

本章首先讲解了业务流程中主要协同方的角色职责、常见问题与对策，其次讲解了质量文化建设相关内容。质量文化建设的价值在于组织成员能够主动、自发地思考质量保障工作，做好手头的事情。下一章将讲解 QA 如何打造和提升自身的核心竞争力。

第 6 章 *Chapter 6*

QA 如何打造和提升
自身的核心竞争力

如今，新业务形态和新技术层出不穷，不仅会影响软件测试行业的发展趋势，也会影响个人职业发展。QA 要想在行业发展浪潮中立于不败之地，就需要适应和拥抱变化，不断提升自身的核心竞争力。

6.1 软件测试新趋势探讨

本节探讨一下软件测试的新趋势，以及基于这些发展趋势，软件测试人员应如何打造自身的核心竞争力，提前布局和播种，为以后的职业发展添砖加瓦。

软件测试趋势受哪些因素影响？在众多影响软件测试的因

素中，表 6-1 所示的因素比较关键。

表 6-1　影响软件测试的因素

影响因素	解读
新型业务形态出现、传统行业互联网化	软件测试是为业务服务的，因此当软件行业出现新的业务形态或者传统行业被互联网技术改变时，相应的软件测试岗位需求将增多
新技术或架构出现	新的信息技术或框架使得软件更加复杂也更具交互性，这对质量保障提出了更高的要求。相应地，测试工具、技术、流程等必然会有所改变
测试理念、方法和技术发生变化	测试领域的新理念、方法和技术直接影响测试行业的未来走向和趋势
测试人才结构发生变化	测试人员逐渐有能力从"仅测试""向"质量保障"过渡，对工具要求越来越高，促使对新技术测试人才的需求日益凸显

从表 6-1 可以看出，前两个因素属于大环境带来的外部因素，后两个因素是测试领域的内部因素。本节将针对以上几方面探讨软件测试的发展趋势。

6.1.1　新型业务形态和传统行业互联网化

互联网发展越来越快，近几年不断兴起和蓬勃发展的行业有新零售、短视频、直播、区块链、物联网等，远程办公等业务也出现了新的生机。这些业务的发展将催生许多软件业务和新技术团队，相应的软件测试需求也大大增加。

6.1.2　新技术带来新的机遇和挑战

近年来，新的技术和架构层出不穷，包括但不限于大数据、物联网、机器学习、人工智能、区块链、语言识别及辅助，跨平台应用开发框架、微服务架构等。

1. 大数据测试

近几年，大数据相关工作职位主要聚焦在大数据开发工程师或大数据架构师。大数据的质量保障工作分为两部分：一部分是大数据基础设施建设和大数据质量保障工作，即相应的开发工程师自测和产品经理验收工作；另一部分与业务系统有关，即测试人员验证功能主流程或性能测试工作。随着大数据基础设施建设的日益完善、大数据在企业中的应用范围日益扩大，大数据质量保障成为未来趋势。

大数据测试人员的工作职责主要体现在如下几个方面。

- ❑ 保证各项业务数据的质量，以及探索各类数据质量测试方法和提升效率；
- ❑ 根据业务需求产出完备的测试方案和策略，并制订可落地的测试计划；
- ❑ 全方位确保数据的质量特性，包含但不限于一致性、有效性、准确性、及时性、完整性等；
- ❑ 高阶职位还需要负责大数据测试的人才培养，使团队形成人才梯队。

大数据测试人员除了掌握通用的互联网业务的测试技能和工具外，还需要掌握 Hadoop、Spark、Hive 等常用大数据技术，并具有一定的数据分析技能、仿真测试经验，有相关业务的大数据测试经验则更佳。

2. 基于跨平台应用开发框架的测试

我们知道，移动端有 iOS 和 Android 两个系统，且两个系统使用不同的编程语言和技术栈。为了提高研发效率，跨平台应用开发框架（如 RN 和 Flutter）应运而生。有了这个框架，同样一份代码可以同时生成 iOS 和 Android 两个高性能、高保真的应用程序。

这样，研发工程师的资源节省了，研发效率几乎翻倍，但测试人员的测试效率并未提升，反而更低了（已有功能接入该框架时，测试人员需要拉长周期逐步改变测试方案。其间，测试人员需要兼顾所有功能）。但无论采用 UI 自动化测试，还是采用精准测试，抑或者采用一机多控等其他方案，现阶段这些方案还不够成熟，普及率有待提高。提高移动端的测试效率势在必行，是未来的趋势之一。

3. 物联网应用测试

随着 5G、人工智能、大数据技术的发展，物联网技术将在各行各业得到应用，如用户端智能硬件、制造业，等等。随着越来越多的设备联网，物联网应用测试必然成为未来软件测试趋势之一。

4. 微服务测试

随着越来越多的应用程序转向微服务架构，质量保障体系将有相应的调整。这也是本书存在的价值和意义。

5. 基于其他新型技术的专项测试

除了上述技术带来的变化外，机器学习、人工智能、区块链、语音识别及辅助等技术的出现与繁荣，使得对这些技术的专项测试成为测试领域的一大趋势。

这其中涉及一些新的挑战。

❑ 测试人工智能系统时，我们可能需要探索新的方法与理论体系、重新构建质量保障体系、评估人工智能系统的"聪明"程度。

❑ 测试区块链系统时，我们需要考虑如何在测试环境模拟真实环境的数据与交易。

❑ 测试语音识别及辅助系统时，我们需要考虑如何在自动化测试框架兼容语音命令。

综上所述，大数据、物联网、机器学习、人工智能、区块链、语言识别及辅助等技术和跨平台应用开发框架、微服务架构，改变了业务实现的底层逻辑，给业务或系统带来了新的质量挑战，这就需要更多的软件测试人员投身其中，积极应对和拥抱变化。新的技术在带来新的质量挑战的同时，也给软件测试理念、技术和方法带来新的思路和积极的影响。

6.1.3　测试技术和方法发生新的变化

测试技术和方法的变化将导致公司对人才的要求发生变化。

1. 自动化测试

在这个快速发展的时代，任何一款产品想要在市场具备竞争力，必须能够快速满足变化带来的需求，能快速、持续地高质量交付。而要做到快速持续地高质量交付，自动化测试必不可少。

虽然自动化测试不是新技术，但由于产品形态、技术架构发生了变化，我们也需要基于新的变化调整自动化测试框架和策略。另外，人工智能、机器学习、自然语言处理、图形识别等技术将被广泛地应用于测试自动化工具的开发。它们可以帮助完成完全自主地测试，简化页面对象识别，等等。

2. 人工智能辅助测试

利用深度学习、人工智能技术辅助测试人员工作是测试发展趋势，其中包括测试用例、测试数据和测试代码的自动生成，大规模测试结果分析、自动化探索性测试、缺陷定位等。现在，已经有不少公司开发出人工智能辅助测试技术和工具，虽然离成熟稳定还有一段距离要走，但重要的是能看到未来的趋势。

如下是阿里妈妈智能测试平台 Markov 的简介，如果你有兴趣，可以做一下了解（GitHub 地址：https://github.com/alibaba/intelligent-test-platform）。

Markov 平台（M-Intelligent-Test-platform）是阿里妈妈技术质量部门自研的智能功能测试平台，通过可视化、智能化等技术（智能用例生成、失败智能归因、精准测试覆盖）和测试方法论，解决了功能测试用例编写成本高、回归效率低等问题，实现了功能测试的"想测即测，随时可测"。目前，其已经成为阿里妈妈的技术基础设施之一。

3. 基于故障注入的测试

随着微服务系统越来越复杂、服务数量数倍增长，我们几乎没有办法预料会发生怎样的事件而导致系统局部不可用，甚至全面崩溃。为了确保系统的高可用性，我们应尽可能在这些事件发生之前找出系统的脆弱点，这就需要用到基于故障注入的测试。如今，这套方法论已经逐渐演变成计算机科学的一门新兴学科，即混沌工程。

混沌工程是一种提高技术架构弹性能力的复杂技术手段，可以确保系统的可用性。混沌工程旨在将故障扼杀在襁褓之中，通过主动制造故障，测试系统在各种压力下的行为，识别并修复故障，避免造成严重后果。

引入混沌工程后，我们可以在不中断关键系统功能的情况下，更好地应对预期之外的事件和故障，提升系统整体性能并增强系统安全性。这无疑是未来的重要趋势之一。

6.1.4　测试人才结构发生变化

现阶段，随着测试从业人员规模不断扩大，测试团队逐渐有能力从"仅测试"向"质量保障"过渡，通过工具将相关工作赋能给其他角色。同时，对新型测试人才的需求日益凸显。

测试团队从"只有测试工程师"模式转变为"业务测试工程师 + 测试开发工程师"并存的模式。业务测试工程师主要负责与业务强相关的测试工作；测试开发工程师则开发测试工具或脚本、推进持续集成和持续交付的建立和落地，进而提升研发效能。

那么，测试从业者应该如何构建自身的核心竞争力？请看6.2 节。

6.2 QA 的核心竞争力

软件测试的趋势虽然多，但我们也不必过于焦虑，有策略、有计划地打造自身的核心竞争力，就可以顺应时代潮流，让自己时刻保持竞争优势。

6.2.1 怎样理解核心竞争力

在讲解竞争力之前先看一下什么是能力。能力是指一个人完成一个目标或者任务所体现出来的素质（如技能、知识、经验以及行为等）。该解释中暗含了"能力是一个绝对值（正数）"的意思，比较学术。而在职场中，相对值才有意义。毕竟在职场中，团队成员虽然存在合作关系，但也存在竞争关系：工作中的升职、加薪、激励等是稀缺品，总是偏爱小比例的人。

在某些方面，当你具备一些素质，而其他人并不具备时，说明你有着相应的竞争力，即竞争力是相比其他人高出的那部分能力。当然，比较范围可以大到所有人、一个行业的从业人员，也可以小到一个公司的员工，甚至是一个小组的成员。

举例来说，无论是招聘网站职位描述还是简历上的描述，几乎不会出现"能熟练使用 Windows 操作系统、熟练使用 Android 系统、熟练使用 iOS 系统"这样的要求和能力说明。因为这些能力是底线，是基础，本就应该是测试人员具备的，甚至已经成为广大网民的基本功。换句话说，这些能力在测试行业没有任何优势。但 Linux 不同，它常常出现在测试职位的技能要求里。求职者也常常会把自己熟悉 Linux 系统或操作这一事实体现在简历里，哪怕是不算太熟悉，也会表明自己有所了解。

这意味着，熟练使用 Linux 操作系统，甚至简单地会用，在测试群体中还算是稀缺的，是具备一定竞争力的。

通过这个现象可以得出一个结论，学习任何知识和技能时，不要害怕门槛高，学习成本高，因为门槛高，也是切切实实的好事。倘若门槛低，别人也能轻易获取和学习，那你就没有什么竞争力了。门槛高（其实大部分情况下只是看起来门槛高）意味着许多人会被挡在门槛外，那你就获得了足够的竞争力。总结一句话，在培养核心技能和能力时，应尽量选择有门槛的、稀缺的，这样才能让自己拥有持久的竞争优势，这就是核心竞争力。

6.2.2　QA 职业生涯的可能性

我们知道，不同的工作和任务所需要的核心能力不同，因而核心竞争力也不相同。QA 的入门门槛比较低，天花板也相对较低，这也是 QA 群体产生恐慌和焦虑的主要原因。这个群体所涉及的技术面和技能栈非常广，所以整个职业生涯的路线比较多，可以走技术路线、管理路线，也可以转行到相近的岗位。

- ❑ 技术路线：有业务测试专家、敏捷测试专家、专项测试专家、测试开发专家、研发效能专家、测试架构师等方向。
- ❑ 管理路线：可以从测试组长、测试经理、项目测试负责人，升至测试总监等。通常来说，软件测试领域的管理岗位首先要求你是一个测试技术尖兵或业务测试尖兵。
- ❑ 转行：在职业生涯的各个阶段，平行地转到日常打交道比较多的方向，比如项目经理、产品经理、运营人员、研发工程师等。在职业生涯的顶点（一般是总监级别）扩展职责边界，比如同时负责测试团队和开发团队工作，等等。当然，这条路更难走一些。

6.2.3 核心竞争力的 3 个阶段

而无论从事哪个方向，职业发展总要经历入门、进阶、高阶 3 个阶段，这里将从这 3 个阶段来阐述 QA 的核心竞争力。

1. 入门：扩大知识边界，夯实基本功

这个阶段主要适用于刚入行的测试人员，一般测试经验在 3 年以下。在该阶段，从业者需要苦练测试基本功，并拓宽知识广度。因为没有经验，所以适合用积极好学的态度、学习能力强等长处来弥补项目经验和测试经验的不足。

在这个阶段，从业者可以多学习计算机基础知识、测试理论知识等。掌握计算机基础知识包含但不限于如下内容。

❑ 操作系统：熟练掌握操作系统环境及主要系统之间的差异，如 Linux、UNIX、Windows、iOS、Android 等系统。

❑ 网络协议：熟练掌握网络协议及其特性，如 TCP/IP、HTTP 等。

❑ 数据库：熟练掌握关系型数据库（MySQL、Oracle 等）和非关系型数据库（NoSQL 等）。

❑ 开发语言及框架：熟练掌握开发语言及框架编译、打包、发布等操作，如 Java、Objective-C 等。

对网站架构、微服务架构、容器技术、中间件、负载均衡、大数据、云计算等有基本了解。

掌握的测试理论知识包括但不限于软件生命周期、软件开发模型、静态和动态测试方法等。

另外，新人要对新事物敏感、好奇，善于提出质量或流程相关的问题，不受思维定式约束，善于发现细节问题。

2. 进阶：扩大知识深度，把握核心价值

当你有了一定的测试经验和项目经验后，你需要有针对性地扩大自己的知识深度，并打造自身核心竞争力，实现自身价值。下面以最常见的两个测试职位（业务测试工程师和测试开发工程师）来说明 QA 进阶阶段的核心竞争力。

❑ 业务测试工程师：需具备测试策略总结能力、测试方案设计能力、测试用例设计能力、探索性测试思维、质量分析能力、自动化测试技术等。

❑ 测试开发工程师：需具备测试系统需求分析能力、技术知识体系、平台设计能力、研发和落地能力等。

两者通用的软技能包括项目管理、学习、问题分析与定位等，通用的专业能力包括缺陷管理、流程改进、可用性测试、质量度量与运营等。

在该阶段，QA 需要能主导一个业务模块或子方向的测试工作，并协助建设质量保障体系，这也体现了 QA 的核心价值。

QA 的核心价值在于全方位地保障业务质量，这里列出 QA 进阶阶段需要重点改变的思维。

1）预防问题发生，而不仅仅是发现问题。

测试执行只能尽可能地发现已经存在的问题，预防问题发生才是上上策。那就需要根据现有的各类数据进行质量分析。

如分析缺陷和产生原因，以便形成机制避免问题再次产生；引入各种工具，避免问题出现，比如静态代码检查、分支规范检查等；线上监控，快速发现问题，及时响应。

2）提高交付质量，而不仅仅为了发现更多 Bug。

最高级的方式应该是提升自身能力，发现更多问题的同时，持续提升过程质量。质量保障是整个团队工作的核心，QA 首先要做好自己，努力提升自身的测试能力，进而提升整个产研过程的质量，最终提高交付质量。

3）关注效果的好坏，而不仅仅是关注逻辑的对错。

4）做正确的事，而不仅仅是正确地做事。

如何确保开发的产品符合用户的真实需求，这需要 QA 在开发过程中不断发问，到底在解决用户的什么痛点，用户的需求是不是伪需求，等等。QA 首先需要在整个项目过程中不断询问所有成员上述问题，确保团队是在开发客户所需的产品，要有逻辑地分析，而不是一拍脑袋做决策。

3. 高阶：打造个人品牌

在 QA 职业生涯的高阶阶段，QA 需要打造自己的个人品牌，也就是通常所说的职业标签。在测试领域，当提到虫师你就知道他擅长 Selenium，提到思寒你就想到 TesterHome、移动互联网测试开发大会等，这就是品牌的体现。

打造个人品牌，建议通过如下途径。

（1）打造个人核心技能

❑ 向内看：测试人员作为技术工程师的一种，得有一项看家的核心技能，这是需要长时间积累和磨炼的技能，需要付出时间和精力。你要发现并聚焦到自己最擅长的领域，然后专注于这个领域，不断精进和提高自己的能力，成为该领域的专家。

❑ 向外看：不断地向外探索，看看业内、知名公司、其他专家的实践，汲取精华，提升自己，取长补短，持续精进。

（2）沉淀、分享、交流

在打磨自己核心竞争力时一定要用文字将其沉淀下来，并创造机会对外分享和交流，这样你才能清楚自己在做的事情，再根据别人的正负向反馈调整自己的思路和方法。

6.3　本章小结

本章提供了一些打造 QA 自身核心竞争力的途径，要想有真正的进步和成长，还需要持续学习。这里再强调一下，对于测试人员来说，一定要尽早树立测试策略分析和质量保障体系构建的意识，从全局视角理解所在业务中的质量保障体系。只有这样，你才能补齐质量保障体系中的各种技能，才能体验不同的职业成长路径。

推荐阅读

推荐阅读

构建高质量软件：持续集成与持续交付系统实践

书号：978-7-111-69020-7

这是一本从开发人员视角来介绍如何交付高质量软件产品的书，书中采用理论与实践相结合的方式讲述了持续集成、持续交付、持续部署三大开发实践的生命周期，以及它们彼此的关系，里面包含丰富的实战案例、各类工具的使用技巧。全书共10章，分为四大部分。第一部分（第1～4章）主要围绕如何提高软件的开发质量和效率展开，详细讲述了单元测试的常用工具和最佳实践，并展开阐述了持续集成、持续交付、持续部署等概念。第二部分（第5～6章）详细讲解了两个常用的mock工具——Mockito和Powermock，通过实例详尽地讲解了它们的语法规则和使用场景，目的是让开发者在不修改软件源代码和程序结构的前提下尽可能确保软件具备可测试性。第三部分（第7～8章）详细讲述了两个行为驱动开发工具（功能测试）Concordion 和Cucumber，这两个工具可以帮助我们很好地完成功能测试、验收测试、回归测试等工作。第四部分（第9～10章）综合前面三部分的知识点，并引入代码风格检查、静态代码分析、第三方依赖安全性检查、企业内部私服的原理和搭建、Ansible 自动化软件部署工具、Jenkins Pipeline 等知识，帮助读者构建完整的CI/CD流程。